DIE BESTEN PANZERMUSEEN EUROPAS

VON BOVINGTON BIS MUNSTER

Alexander Losert

Motor buch Verlag

Einbandgestaltung: Luis Santos
Unter Verwendung von Abbildungen aus dem Archiv des Autors

Gewidmet/*Dedicated to*
David Ding

„Freunde sind wie Sterne. Du kannst sie nicht immer sehen, aber du weißt, sie sind immer da.“

“Friends are like stars. You can’t always see them, but you know they’re always there.”

1. Auflage 2024

ISBN: 978-3-613-04658-0

Redaktion und Lektorat: Motorbuch Verlag
Layout, Satz und Prepress: schreiberVIS, Seeheim
Druck und Bindung: Florjancic tisk d.o.o, Maribor, Slovenia
Printed in Slovenia

Inhaltsverzeichnis

Vorwort

Das „Warum“ zu diesem Buch

Schon wieder ein Panzerbuch? Wer hat nicht zuerst so etwas gedacht, als er das Cover dieses Buches gesehen hat? Aber hier geht es nicht in erster Linie um T-34, „Tiger“, T-72, Challenger, Leclerc oder andere Vertreter der Gattung „Panzer“, sondern um jene Orte, an denen sie anzutreffen sind.

Die Idee dazu war, wie so häufig, einem Zufall geschuldet. Bei der Planung eines Besuchs für einen Zeitschriftenartikel kam das Gespräch auf die vielen Museen, die ich in all den Jahren besucht hatte. Es sind wirklich einige und wenn dort auch noch kettenbewährte Ausstellungsstücke anzutreffen sind, war ich sicherlich mehr als einmal dort.

„Du könntest wirklich einen Museumsführer über die Panzer-Museen schreiben“, meinte der damalige Chefredakteur mit einem Lächeln. Und ich erwiderte, dass dies doch bestimmt schon jemand geschrieben hätte. Schließlich gibt es viele „Panzerkettenfetischisten“ in Deutschland, Europa und der Welt. Jedenfalls schlummerte dieser Satz immer noch in mir. Als es dann wie jedes Jahr in die Niederlande nach Overloon

zu den „Militracks“ ging, kam ich dort ins Gespräch mit einem der Mitarbeiter – die etatmäßige Presseverantwortliche war seinerzeit im Mutterschutz – und schon ploppte die Frage auf, ob denn nicht mal ein Buch geplant wäre, wo auch Overloon drin vorkommen könne?

Meine Gegenfrage lautete, ob dies nicht schon längst der Fall sei? Auf die Verneinung hin war ich etwas stutzig, fing später aber an zu suchen, ob sich wirklich noch niemand diesem Sujet gewidmet hatte. Und in der Tat: Es gibt zwar Abhandlungen, Videos, Zeitschriften- und Zeitungsartikel, aber eben kein Werk nicht in gebundener Form.

Und die weitere Recherche führte dann dazu, dass es rund um den Erdball viele Museen gibt, die sich ganz oder in großen Teilen dieser Thematik widmen. So nahm die Liste an Umfang mehr und mehr zu – zumal mir in meinem eigenen Bildarchiv erst nach und nach klar wurde, wie viele Militärfahrzeuge ich im Laufe der Jahre fotografiert hatte.

Schnell entstand so der Plan, gemeinsam mit dem Motorbuchverlag dieses Projekt umzusetzen. Die Frage war nur: Wie sollte das Thema angepackt werden? Ein simpler Museumsführer schien mir persönlich zu langweilig. Zudem sollte sich die auf den europäischen Kontinent beschränken. Schließlich sollte die Zahl der Einrichtungen überschaubar bleiben und Museen „vor der eigenen Haustür“, die sich mit vergleichsweise wenig Aufwand besuchen lassen, sind für die meisten Leser dann doch interessanter.

◄ Panzer über Panzer in einer Museumshalle. In ganz Europa finden sich Museen, in denen sich auch diese Fahrzeuge finden, die nach wie vor Faszination auf Tausende Besucher ausüben.

Und wer sagt, dass nicht noch ein Buch über die „Besten Panzermuseen der Welt“ folgen wird? Was die Auswahl betrifft, so wird der eine oder andere Leser sicher die eine oder andere Sammlung vermissen, doch auf begrenztem Platz lässt sich eben nicht unendlich viel unterbringen.

Deswegen bitte ich um Entschuldigung, wenn die eine oder andere favorisierte Sammlung nicht dabei sein sollte – absolut vollständig kann ein solches Buch leider nicht sein. Es ist eben die Auswahl jener Häuser, die mir persönlich am Herzen liegen, die ich in den zurückliegenden Jahren (mehrfach) besuchte oder die ein gewisses Faszinosum auslösen – und die ich deswegen besonders empfehlen möchte.

Auch was den Aufbau angeht, wollte ich mehr als nur einen simplen „Ausstellungsführer“ zusammenstellen. Deswegen folgt der Aufbau des Buches einem ganz bestimmten Muster

Nach diesem Vorwort wird ein kurzes Kapitel folgen, dass sich mit der Geschichte des „Panzers“ beschäftigt. Denn es ist schon eine faszinierende Geschichte, wenn man bedenkt, dass diese Maschinen erst seit etwas mehr als 100 Jahren über die Schlachtfelder „raupen“. Und mit dem Siegeszug dieser Waffe begann auch die Faszination für deren einmalige Verbindung von Panzerung, Geschwindigkeit und Feuerkraft.

Vor allem aber ist der Panzer längst nicht mehr das „kriegsentscheidende Gerät“, als das er mancherorts noch immer gesehen wird. Das war er – entgegen aller Legenden – auch weder im Ersten noch im Zweiten Weltkrieg. Lediglich zu Beginn des zweiten „Weltenbrands“ war er eine kurze Zeit der Garant für den Sieg.

Nach diesem einleitenden Teil folgen die Museen: Einige dürfen natürlich unter keinen Umständen fehlen, wie das Deutsche Panzermuseum Munster oder das britische Tank-Museum in Bovington. Sie gehören auf ihren Gebieten zu den Top-Adressen.

Aber auch überraschendere Kandidaten finden sich hier, wie etwa das Oorlogsmuseum Overloon in den Niederlanden oder das Museum für Zivil- und Wehrtechnik in Uffenheim. Eines eint alle diese Häuser: Eine Reise sind sie alle wert.

Nach einer kurzen Beschreibung der jeweiligen Museen folgt in den meisten Beiträgen ein Interviewteil.

Ich wollte von jedem Direktor/Kurator einfach ein paar Fragen beantwortet haben, um einen Einblick in die Sichtweise und das Selbstverständnis zu erlangen. Deswegen hat jedes Museum auch den gleichen Fragebogen erhalten.

Neben den Sammlungen gehören oftmals auch Sonderveranstaltungen zu den Publikumsmagneten der Museen.

Mitunter gehen auch verschiedene Fahrzeuge aus den Sammlungen auf „Tour“, um bei anderen Veranstaltungen „aufzutreten“. Es hat sich stellenweise ein guter Austausch unter den Häusern entwickelt, um den Gästen einiges bieten zu können. So sind diese Events ebenfalls Bestandteil dieses Buches.

Ein Wort noch zu den persönlichen Besuchen: Fast alle Museen in diesem Buch konnte ich selbst besuchen, um Fotos zu machen und mich mit Verantwortlichen zu unterhalten von Munster bis Bovington, Overloon oder Uffenheim

Aber während der Erstellung des Buches (Beginn 2023; Fertigstellung 2024) gehörten eben auch Konflikte zum Alltag, insbesondere der Krieg in der Ukraine. So wäre ich gerne selbst nach Kubinka in Russland gefahren, um mir Stücke wie die „Maus“ oder den „Kugelpanzer“ aus der Nähe anzusehen, aber es war dann doch zu heikel. Aber natürlich findet sich auch Kubinka in diesem Buch. Ein großer Dank gebührt hier meinem Freund und Kollegen Dr. Ilya Shaydurov, der mich mit Rat und Bildern unterstützte.

Abschließend noch ein paar Worte zu diesem Buch: Panzer werden in der Regel für den Krieg gebaut. Und leider erleben wir derzeit gerade, dass wir immer noch in einer Zeit leben, in der es auf gutes Kriegsgerät ankommt.

Sei es in der Ukraine, wo deutsche „Leoparden“ und amerikanische „Abrams“ gegen T-72, T-90 und andere Ostpanzer kämpfen. Oder im Nahen Osten, wo israelische Merkava-Panzer durch den Gaza-Streifen rollen, um einen unsichtbaren Feind zu bekämpfen.

Ich persönlich finde Panzer – und überhaupt Militärgerät – aus technischer Sicht hoch interessant. Wie man aber an den anderen Büchern von mir vielleicht sieht, gilt diese technische Leidenschaft vor allem dem Zweiten Weltkrieg. So stehen bei mir persönlich zeitgenössische Entwicklungen wie der Panzerkampfwagen V „Panther“, der Jagdpanzer 38 „Hetzer“ oder der japanische Ha-Go ganz oben in der Gunst.

Dabei sollte man jedoch niemals vergessen, wofür diese Maschinen ursprünglich geschaffen wurden – für den Krieg! Panzer sollten den Sieg über den Feind erringen, ihn auf die Knie zwingen und im Zweifelsfall vernichten. Das bedeutet Tod und Zerstörung – auf beiden Seiten. Und daran hat sich bis heute nichts geändert. Ja, der Mensch kann sich meiner Meinung nach an der Technik erfreuen. Aber man sollte eben nicht vergessen, wozu der Panzer gedacht war.

Ich danke in jedem Fall explizit jedem Museum respektive dem jeweiligen Direktor/Kurator und den jeweiligen Teams, die mir bei der Fertigstellung des Buches geholfen haben. Ohne ihre unermüdliche Arbeit, wäre es nicht möglich, der Welt diese faszinierenden Maschinen zu zeigen.

Und ich hoffe natürlich auch, dass Sie, liebe Leserinnen und Leser, Informationen und Unterhaltung in und mit diesem Buch finden. Sollten Sie Anregungen haben, was einmal behandelt werden soll, so zögern Sie nicht und lassen es den Verlag und mich wissen. Vielleicht entsteht wieder so ein interessantes Projekt wie dieses.

Alexander Losert
Grünberg, 2024

Tabellenlegende

Kettenfahrzeuge	Flugzeuge	Uniformen	Lokomotiven
Radfahrzeuge	Hubschrauber	U-Boote	Traktoren

Die kurze Geschichte einer beeindruckenden Waffe

Der Panzer

Panzer – ein Wort mit sechs Buchstaben, das für die Verbindung von Feuerkraft, Schutz und Geschwindigkeit steht. Noch heute faszinieren diese Fahrzeuge Menschen rund um den Erdball. Dabei ist das Konzept des „modernen Panzers“ noch nicht sehr alt. Rund 110 Jahre ist es her, dass die ersten „Tanks“ auf die Schlachtfelder des Ersten Weltkrieges rollten.

Die Idee zum Bau stark gepanzerter, beweglicher und überlegener Kampfvehikel ist aber viel älter und bereits in der Antike zu finden. Damals nutzte man etwa Kriegselefanten, eine Art Vorläufer der Panzer in lebendiger Form. Schon Alexander der Große machte mit diesen Tieren Bekanntschaft. Am bekanntesten dürfte aber wohl der karthagische Feldherr Hannibal sein, der mit diesen Kolossen nach Italien zog, auch wenn ihm nach der Alpenüberquerung (218 v. Chr.) nur noch eines der Tiere zur Verfügung stand und die Elefanten auch in der entscheidenden Schlacht von Zama (202 v. Chr.) keine entscheidende Wende zu Gunsten der Karthager leisten konnten.

Auch Streitwagen stehen in einer gewissen Tradition des Panzers, entwickelten sich diese doch etwa 1600 v. Chr. zu einem vielseitigen Militärfahrzeug, von dem aus Bogenschützen oder Speerwerfer aus der Distanz agieren oder aber im Nahkampf in die feindlichen Reihen preschen konnten.

Auch der Rammbock kann auf gewisse Weise in die Reihe der Panzervorläufer gestellt werden. Gedeckt bewegten Soldaten das schwere Fahrzeug zum Tor des einzunehmenden Ziels und versuchten es einzureißen, während sie von oben geschützt waren.

Alle Beispiele dieser bewusst unvollständigen Aufzählung zeigen bereits jene Merkmale, die spätere Panzerfahrzeuge ausmachen sollten; Schutz, Beweglichkeit und (Feuer-)kraft. Aber keiner dieser Vorläufer vereinte alle drei Vorzüge in einem einzigen System.

▲ Sie gelten als Urahnen der Panzer: die Kriegselefanten. Der kathargische Feldheer Hannibal setzte sie gegen die Römer ein, jedoch am Ende ohne Erfolg.

© wikimedia commons

◄ Eine der bekanntesten und frühesten Skizzen eines fahrenden Geschützes. Dabei handelt es sich um einen nicht verwirklichten Entwurf von Leonardo da Vinci.

Versuche, diese drei Eigenschaften miteinander zu kombinieren, gab es immer wieder. Bekannt dürfte der Entwurf von Leonardo da Vinci sein, der eine Vorstufe des Panzers entwickelte. Rund und mit Kanonen bestückt, sollte das Gefährt mit Muskelkraft in Bewegung gesetzt werden – das war jedoch aufgrund des Gewichts – besonders auf unbefestigtem Untergrund quasi unmöglich. Hier zeigte sich der Schwachpunkt der meisten frühen Konzepte: der fehlende Antrieb. Die Kraft von Mensch oder Tier genügte nicht, um eine schwere Maschine im Gelände zu bewegen, die dann auch noch mit einer starken Feuerkraft aufwarten sollte.

Kaum kam es aber zur Mechanisierung der Welt, insbesondere durch die Erfindung der Dampfmaschine und des Verbrennungsmotors, sorgte der Fortschritt dafür, dass mehr Bewegung in die „mobile Kriegsführung" kam.

Die Zäsur in der Geschichte der Panzer stellt der Erste Weltkrieg dar. Zuvor war der Krieg über Jahrhunderte durch Infanterie, Kavallerie und Artillerie geprägt, wenn auch bereits in Gestalt der Eisenbahn, moderner Gewehre und Schnellfeuerwaffen (etwa der Gatling-Gun) oder der Telegrafie in vorangegangenen Kriegen (Deutsch-Französischer Krieg, Krim-Krieg u. a.) moderne Entwicklungen in die „Kriegskunst" Eingang gefunden hatten.

Doch erst die Erfindung des Verbrennungsmotors ermöglichte es nun, Kriegsmaschinen noch beweglicher zu machen, als dies zuvor mit dem Dampfantrieb möglich war. Schon im Herbst 1914 – also kurz nach Ausbruch des Krieges – gab es auf Seiten der Alliierten Überlegungen, mit einer motorisierten Waffe wieder Bewegung in die erstarrte Front im Westen zu bringen.

Es waren auch die Briten, die im Jahre 1915 kommerzielle Fahrzeuge beschlagnahmten, sie mit Maschinengewehren, einer neuen Aufhängung und einer Panzerung versahen und sie für Aufklärungszwecke einsetzten. Für die Verhältnisse an der Front mit den durch Granaten umgewühlten „Killing Fields" und den morastigen Schützengräben waren diese Fahrzeuge natürlich nicht geeignet. Sie sind aber ein gutes Beispiel dafür, wie neue Erfindungen immer wieder auf ihre militärische Verwendbarkeit hin erprobt werden.

Der mörderische Stellungskrieg an der Westfront wurde bald zum Innovationstreiber, schließlich wollten alle Parteien die festgefahrene Front wieder in Bewegung setzen und die (Schützen-) Gräben überwinden.

Mobil und gepanzert musste eine hierzu geeignete Maschine sein, um gegen die gegnerischen Maschinengewehre zu bestehen. Die neuen Geräte sollten das Nie-

▲ Panzer faszinieren seit jeher. So wie dieser FT 17 im Museum von Overloon. Der Renault-Panzer gilt als der erste „Massenpanzer" mit drehbarem Turm und war vergleichweise einfach herzustellen.

mandsland nicht nur durchqueren, sondern richtiggehend überrollen und somit Breschen in die gegnerische Verteidigungsstellung schlagen.

Der „Panzer" war anfangs keineswegs als autonomes Waffensystem gedacht. Vielmehr sollte er die Infanterie unterstützen und ihr die nötigen Räume öffnen. Die Briten nutzten das Wort „Tank" als Tarnbezeichnung für ihre Entwicklung des ersten an der Front erschienenen Panzers der Menschheitsgeschichte, der bereits alle bis heute gültigen Merkmale vorwegnahm. Er war gepanzert, motorisiert und mit Waffen versehen.

Die Entwicklung verschlang Zeit und Geld. Zwar sorgte das Auftauchen der ersten Modelle auf der deutschen Seite für Entsetzen. Aber anders als vielfach angenommen, war der Panzer keineswegs die kriegsentscheidende Waffe. Sein Nutzen war beschränkt, dafür war die Störanfälligkeit umso höher. Nichtsdestotrotz war es nun möglich, durch das Niemandsland zu gelangen und auch die feindlichen Gräben zu überschreiten.

Ab September 1916 erschienen die ersten „Tanks" auf den Schlachtfeldern. Am 15. September führte die britische Armee während der Somme-Schlacht einen ersten Panzerangriff durch. Der Erfolg war mäßig, aber der Anfang war gemacht. Der erste bedeutende Einsatz dürfte wohl jener in Cambrai im Jahr 1917 gewesen sein. Bis dahin waren die Panzer laufend verbessert worden. Diese Schlacht gilt als die erste „große Panzeroffensive" der Geschichte.

Die Briten setzten insgesamt 476 Panzer ein, von denen 378 bewaffnet waren. Hier gab es auf britischer Seite auch bereits den Versuch, die motorisierten mit den fliegenden und den Infanterie-Kräften zu koordinieren. Allerdings gelang es den Deutschen, mehr als 250 Panzer zu vernichten oder zu erbeuten.

Mit dieser Schlacht im November 1917 sollte das deutsche Stellungssystem durchbrochen werden. Sie endete jedoch mit einem Unentschieden, auch aufgrund der hohen Verluste an Panzern, die die in sie gesetzten Hoffnungen (noch) nicht erfüllen konnten.

Fortan stiegen auch andere Nationen in die Entwicklung der neuen Waffe „Panzer“ ein. Frankreich wartete etwa mit dem Renault FT 17 auf, dem ersten Panzer mit einem drehbaren Turm. Aus Deutschland kam der A7V – allerdings nur in 20 Exemplaren. Dieser war jedoch kein Erfolgsmodell, weswegen man in Deutschland bis Kriegsende eher auf erbeutete als eigene Panzer setzte.

Als der Erste Weltkrieg im Jahr 1918 zu Ende ging, setzte ein taktischer und strategischer Wandel der Kriegsführung ein. Gerade den deutschen Generälen kam dieser Paradigmenwechsel gelegen. Denn der Vertrag von Versailles legte das Deutsche Reich militärisch „an die Kette“. Die Zahl der Soldaten war beschränkt und schwere Waffen waren überhaupt verboten. Dennoch wollte man nicht auf die neue Technik verzichten. So rüstete man in der Zwischenkriegszeit in aller Heimlichkeit auf – in Zusammenarbeit mit der Sowjetunion.

Während die Siegermächte nach wie vor in alten Kategorien dachten und den Panzer als Infanterieunterstützung sahen, waren Militärs wie Hasso von Manteuffel oder Heinz Guderian schon weiter.

▲ Die Mark-Panzer der Briten waren im Ersten Weltkrieg zunächst ein Schock, doch beeinflussten sie den Kriegsverlauf nur minimal. Dennoch waren sie die ersten Panzer auf den Schlachtfeldern.

Natürlich gab es auch bei den Briten und Franzosen Vordenker, wie etwa Charles de Gaulle, doch fanden diese Stimmen wenig Gehör, während man in Deutschland, wo es auch Widerstände gab, den neuen Ideen zumindest Chancen einräumte.

So entstand neben einer relativ kleinen, aber dafür hoch professionalisierten Armee eine neue und starke Panzerwaffe, die auch neuen Einsatztaktiken folgte.

Es sollte nicht vergessen werden, dass zu Beginn des Zweiten Weltkrieges die alliierten Panzer den deutschen an der Zahl und vielfach auch in Sachen Qualität überlegen waren. Der französische Char B1 war den gängigsten Mustern Panzer I und Panzer II beispielsweise weit voraus. Die mittleren Modelle Panzer III und Panzer IV waren nur in wenigen Exemplaren vorhanden.

Aber das Zusammenwirken der Panzer mit der Artillerie, der Luftwaffe und der Infanterie wurde für die Wehrmacht zum Schlüssel des Erfolgs, in Verbindung mit dem massenhaften Einsatz von Panzerkräften.

Es gab auch auf deutscher Seite hohe Verluste. Aber man erkannte den Wert des Panzers für die Kriegsführung. Und alle Seiten setzten verstärkt auf die Produktion von Panzern.

Allerdings machte sich bald ein weiteres Phänomen bemerkbar, das sich bis in heutige Konflikte zeigt: der Kontrast zwischen Masse und Klasse.

Das Auftauchen des russischen T-34 im Sommer 1941 versetzte der deutschen Führung einen Schock und führte zur Wiederaufnahme einiger auf Eis gelegter Projekte. So entstanden die beiden heute noch bekannten Panzer „Tiger“ und „Panther“.

Allein der „Tiger“ war fast allen Panzern des Krieges überlegen, mit einer weitreichenden Kanone und einer Panzerung, die frontal kaum zu durchdringen war. Nur war dieser Koloss eben kein Massenprodukt. Der „Tiger“ war eine Hightech-Maschine und sehr kompliziert in der Handhabung. Seine Zuverlässigkeit ließ zu wünschen

◄ Der T-34 gehört mit dem Sherman zusammen zu den meistgebauten Panzern der Geschichte. Er war einfach in der Konstruktion, aber in Massen sehr wirkungsvoll. Dieser Panzer steht im Technik Museum Sinsheim.

▲ Eines der meistbesuchten Events in Overloon: die Militracks. Dort hat man die Möglichkeit, auf Panzern oder Panzerfahrzeugen, wie hier dem StuG, mitzufahren und die Faszination der Maschinen selbst zu erleben.

übrig und der Spritverbrauch war recht hoch, so dass viele dieser Panzer wegen Spritmangel von den eigenen Besatzungen verlassen und/oder gesprengt werden mussten.

Auf der anderen Seite gab es Muster wie den T-34 und den amerikanische Sherman, die man in Massen fertigte. Zigtausende dieser Panzer liefen von den Bändern, so dass, um es spitz auszudrücken, mehr hergestellt wurden, als die Feinde vernichten konnten.

Die Überzeugung, dass „Masse“ die „Klasse“ schlägt, galt in sowjetischen und russischen Militärkreisen bis auf den heutigen Tag als gesetzt, wie aktuell leider auch ein Blick in die Ukraine zeigt.

Zurück zum Zweiten Weltkrieg und der Evolution der Panzerwaffe: Immer mehr und immer neue Panzer erschienen auf den Schlachtfeldern. So erschienen bald spezielle Jagdpanzer, die leichter und billiger zu bauen waren, weil sie in der Regel keinen Turm hatten. Ebenso kamen Bergepanzer auf, um die anderen Kolosse abzuschleppen. Auch Selbstfahrlafetten hielten verstärkt Einzug auf den Schlachtfeldern, wie der amerikanische M7 „Priest“.

Der Zweite Weltkrieg führte zur Entwicklung unzähliger neuer Panzer rund um den Globus – auch die Japaner verfügten über eine eigene Panzerwaffe mit Typen wie dem Ha-Go.

Dabei muss man aber sagen, dass viele dieser Panzer, etwa die ersten Flakpanzer der Wehrmacht, mehr improvisierte Gerätschaften waren, als durchdachte Kampfsysteme. Auch entstanden mit der waffentechnischen Weiterentwicklung immer mehr spezielle Typen, erst recht nach dem Ende des Zweiten Weltkrieges.

Als Inbegriff des modernen Panzers gelten heute beispielsweise der deutsche Leopard 2, der französische Leclerc, der amerikanische Abrams, der britische Challenger 2, der israelische Merkava oder der russische T-14.

Alle diese Fahrzeuge werden auch noch in den nächsten Jahrzehnten anzutreffen sein, auch wenn sich die nächste Generation bereits in der Entwicklung befindet: Der neue „Panther“ von Rheinmetall oder die gemeinsame deutsch-französische Entwicklung eines neuen Kampfpanzers werfen ihre Schatten voraus. Vor allem die Themen der Künstlichen Intelligenz und der vernetzten Kriegs- und Kampfführung spielen hier eine wichtige Rolle und die Zeit wird zeigen, wie es mit dem Panzer weitergeht.

So mächtig ein Panzer auch erscheinen mag, so anfällig ist er auch. Allein können solche Kampffahrzeuge nicht agieren. Sie benötigen eine ausgeklügelte Logistik, um im Feld zu bleiben. Sie benötigen Schutz vor Angriffen aus der Luft oder innerhalb geschlossener Ortschaften. Sie müssen das passende Terrain vorfinden, um wirkungsvoll zu sein. Wie sonst war es den Aufständischen in Afghanistan einst möglich gewesen, gegen die sowjetische Panzermacht bestehen zu können?

Hinzu kommt eine weitere Bedingung für den erfolgreichen Einsatz: eine gute Besatzung. Nur wenn die Mannschaft gut eingespielt ist, kann der Panzer wirkungsvoll sein. Und noch ein letzter Punkt ist entscheidend: die Taktik. Durch sie lassen sich auch Schwächen kompensieren, wie es die Deutschen im Blitzkrieg und die Israelis in den 1960er- und 1970er-Jahren gegen eine Übermacht arabischer Panzer bewiesen haben. Nach wie vor ist der „Panzer“ ein faszinierendes Gerät, das viele Menschen in den Bann zieht.

Bevor es aber nun zu den Museen geht, gibt es noch eine wichtige Einordnung zu treffen. Denn „Panzer“ ist nicht gleich „Panzer“. Die Fahrzeuge unterscheiden sich in der Regel nach ihrem Verwendungszweck, der sich aus ihren Aufgaben ergibt. Und diese zeigen sich vielfältig, was die „Panzerwaffe“ zu einem vielseitig einsetzbaren Teil der Streitkräfte macht. Und deswegen hier ein kleiner, grober Überblick:

1. **Kampfpanzer** oder auch „**Main Battle Tank**“: Einheiten, die ein breites Einsatzspektrum abdecken und gegen andere Panzer operieren oder die Infanterie unterstützen und Durchbrüche in den feindlichen Linien erzwingen sollen.
2. **Jagdpanzer** sind Geräte, die für den Kampf gegen andere Panzer optimiert wurden und im Normalfall eine niedrige Silhouette aufweisen. Vor allem im Zweiten Weltkrieg und im Kalten Krieg waren deren Eigenschaften gefragt. Heutzutage übernehmen in der Regel andere Kräfte die Aufgabe der Jagdpanzer.
3. Unter einem **Spähpanzer** versteht man schnelle und kleine Panzer, die weite Strecken zurücklegen können und fernmeldefähig sind. Ihre Bewaffnung ist nur leicht. In der Regel nutzen diese Panzer einen Radantrieb anstatt der klassischen Ketten. Sie werden auch als Aufklärungspanzer bezeichnet.
4. **Flugabwehrpanzer** sind dazu da, um mit ihrer Bewaffnung (Geschützen oder Raketen) anfliegende Feindkräfte unter Beschuss zu nehmen. Ein Beispiel aus dem Zweiten Weltkrieg wäre etwa der deutsche „Wirbelwind“, ein Beispiel aus dem Kalten Krieg der modernere „Gepard“, der auch in der Ukraine zum Einsatz kommt.
5. Eine besonders schreckliche Waffe stellen die **Flammpanzer** dar. Sie kommen vor allem bei der Bekämpfung von Bunkern oder anderen festen Zielen zum Einsatz.

▲ Ein Flugabwehrpanzer Gepard der Bundeswehr – hier in Uffenheim – der leider wieder im Einsatz ist, nämlich in der Ukraine, um sich gegen die Russen zu verteidigen.

Beispiele dafür aus dem Zweiten Weltkrieg wären der britische „Crocodile“ oder der deutsche Flammpanzer III.

6. Ein veraltetes Prinzip – ebenfalls aus der der Zeit des Zweiten Weltkriegs – stellt der **Infanteriepanzer** dar. Mit geringer Motorleistung und Geschwindigkeit sollte er mit seiner Bewaffnung die vorgehende Infanterie direkt im Kampf unterstützen. Andere Panzertypen ersetzten dieses Prinzip aber sehr schnell.
7. Der **Schützenpanzer** dient der Beweglichkeit der Infanterie. Sowohl Transport als auch die Feuerunterstützung fallen in sein Aufgabenspektrum. Allerdings fällt die Bewaffnung schwächer aus als etwa bei normalen Kampfpanzern.
8. Mit **Führungspanzern** lassen sich die einzelnen Verbände/Teile koordinieren und die Kommunikation nach oben und nach unten aufrecht erhalten. Meist dient hier ein Transportpanzer oder Schützenpanzer als Basis für die Aufnahme der nötigen Technik
9. **Minenräumpanzer** sind in der Regel unbewaffnet, dafür stark gepanzert und schlagen Gassen in Minenfelder oder räumen gleich größere Gebiete von diesen Sprengmitteln frei
10. Um Gräben oder Flüsse zu überqueren hat man **Brückenlegepanzer** entwickelt, die mit mobilen „Brückensegmenten“ solche Hindernisse passierbar machen – meist sogar unter Feindfeuer.
11. Multitalente sind **Transportpanzer**. Meist leicht bewaffnet dienen sie dem Transport von Soldaten, Nachschub oder auch Verletzten. Aber auch ihre Panzerung ist in der Regel nur leicht ausgeführt, so dass der Schutz entsprechend ausfällt.

12. Der **Bergepanzer** ist, wie sein Name schon sagt, dazu ausersehen, andere schwere Fahrzeuge zu bergen. Mit Kränen und starken Winden sollen sie selbst unter Feindbeschuss in der Lage sein, beschädigte Panzer und anderes Gerät hinter die eigenen Linien zu schleppen.
13. **Schwimmpanzer** dienen in der Regel dazu, an einer feindlichen Küste anzulanden, wenn der Landweg versperrt ist. Ein anderer Name ist Landungspanzer. Neben der Landung gehören auch die Aufklärung und Erkundung zu seinem Aufgabenbereich. Da diese Geräte sowohl an Land als auch auf dem Wasser operieren können, zählen sie zu den Amphibienfahrzeugen.
14. Eng verwandt mit dem Schwimmpanzer ist der **Luftlandepanzer**. Diese Klasse reicht sogar bis zum Kampfpanzer. Ein Luftlandepanzer muss jedoch nicht zwingend mit dem Fallschirm abgeworfen werden, der Name bezieht sich auf die Möglichkeit, den Panzer luftzuverladen oder luftzuverlasten.
15. Wo es Minenräumpanzer gibt, muss es auch **Minenlegepanzer** geben. Auf Basis eines Panzerfahrgestells trägt dieses System dann eine Vorrichtung, um Minenfelder anzulegen (wie etwa das Minenwurfsystem Skorpion der Bundeswehr, das auf einem Schützenpanzer basiert).
16. Mit einem **Pionierpanzer** (etwa dem Dachs der Bundeswehr) lassen sich selbst unter Feindbeschuss Planier- und Baggerarbeiten durchführen. So lassen sich beispielsweise Gräben zuschütten, Hindernisse anlegen oder Deckungen ausheben.
17. Der **Fahrschulpanzer** dient der Ausbildung der Panzerfahrer.

▲ Panzerwannen aufgereiht. Häufig dienen Wannen als Basis für verschiedene Modelle eines Panzers, wie es etwa beim HS 30 der Fall war – einem der größten Rüstungsreinfälle der deutschen Geschichte.

▲ Panzer gibt es viele und fast überall findet man sie, wie diesen britischen Vertreter im Armeemuseum in Warschau, das auch eine große Sammlung an Fahrzeugen besitzt.

18. Auch Systeme wie die **Panzerhaubitze** 2000 zählen zu den Panzern – dabei handelt es sich im Grunde um einen Panzerunterbau, der eine Haubitze als Hauptwaffe trägt.
19. Neben der Panzerhaubitze existiert auch noch der **Panzermörser** – dies sind in der Regel modifizierte Schützen- oder Transportpanzer, die als Hauptwaffe einen Mörser tragen.
20. Der MLRS der Bundeswehr (bis 2003 produziert) stellt eine weitere Gattung dar – und zwar den **Raketenpanzer**. Mit diesen Typen lassen sich Raketen transportieren und stellenweise sogar abfeuern.
21. Der **Radaraufklärungspanzer** (beispielsweise Typ 91-2 der Bundeswehr) dient dazu, das Gefechtsfeld aufzuklären und ein Bild der Lage zu liefern.
22. Auch **Sanitätspanzer** gehören in diese Liste, dienen sie doch dem schnellen Abtransport von Verletzten mit entsprechendem Schutz – wie der Piranha der Schweizer Armee.
23. Last but not least gehören verschiedene **Waffenträger** zu den Panzern. Meist bildet eine Panzerwanne die Basis, auf die dann verschiedene Waffen eingerüstet werden.

Wie man sieht: Panzer ist nicht gleich Panzer. Je nach Aufgabenbereich erfüllen diese vielseitigen Fahrzeuge verschiedene Aufträge in der Offensive und der Defensive.

Und eben diese Typen bevölkern in Europa viele Museen, erfreuen Besucher und sind ein Stück Technikgeschichte, die es zu bewahren gilt.

Norwegen
Schweden
Schottland
Irland
Dänemark
Slagelse
18
Rügen
1
Großbritannien
Munster
2
Niederlande
Soest
11
Overloon
12
Bovington
9
Warschau
Deutschland
Belgien
La Gleize
13
Dresden
3
Polen
Bastogne
Diekirch
14
15
4
Koblenz
Uffenheim
6
5
Stammheim
Prag
11
Tschechische Republik
Munster
1
7
Sinsheim
8
Seifertshofen
Saumur
10
Frankreich
Wien
17
16
Full
Schweiz
Österreich
Ungarn
Jesolo
20
Pivka
21
Kroatien
Vukova
22
Italien
Bosnien und Herzegowina
Spanien
Südafrika
27

Panzermuseen in Europa

1 NVA Museum Rügen
2 Deutsches Panzermuseum Munster
3 Militärhistorisches Museum der Bundeswehr
4 Wehrtechnische Studiensammlung Koblenz
5 Museums für Militär- und Zeitgeschichte Stammheim
6 Museum für Zivil- und Wehrtechnik Uffenheim
7 Technik Museum Sinsheim
8 Bauern- und Technikmuseum Seifertshofen, Museum Kiemele
9 The Tank Museum Bovington
10 Museum der Panzerfahrzeuge Saumur
11 Das Nationale Militärmuseum der Niederlande
12 Kriegsmuseum Overloon
13 December '44 Historical Museum La Gleize
14 Bastogne Barracks
15 Nationales Museum für Militärgeschichte Luxemburg
16 Schweizerisches Militärmuseum Full
17 Das Heeresgeschichtliche Museum Wien
18 Panzer Museum East, Slagelse
19 Panssarimuseo – Finnisches Panzermuseum Parola
20 Museo Storico Militare „Vidotto"
21 Park der Militärgeschichte Pivka
22 Das Kriegsmuseum Vukovar
23 Das Polnische Armeemuseum in Warschau
24 Panzermuseum Kubinka
25 Das Zentralmuseum des Großen Vaterländischen Krieges
26 Zentralmuseum der Streitkräfte der russischen Föderation
27 Südafrikanisches Nationalmuseum für Militärgeschichte

Teil 1
Deutschland

Die jüngere Vergangenheit

NVA-Museum Rügen

Das NVA-Museum auf der Ostseeinsel Rügen gehört zu den interessantesten und größten Museen, die sich mit der Geschichte der Nationalen Volksarmee (NVA) der Deutschen Demokratischen Republik (DDR) beschäftigen.

Das Museum befindet sich in Prora, einem Ortsteil der Stadt Binz auf der Insel Rügen und bietet eine umfangreiche Sammlung von militärischen Exponaten, Fahrzeugen, Uniformen und Dokumenten, die einen tiefen Einblick in die militärische Vergangenheit der DDR gewähren.

Prora ist zudem ein geschichtlich bedeutender Ort. Hier wollten die Nationalsozialisten ein gigantisches Seebad errichten, das bis Kriegsende nur in Teilen fertiggestellt werden konnten.

Nach Kriegsende übernahm die NVA das Gelände und baute es zu einer Militärbasis aus.

Nach der Wiedervereinigung Deutschlands wurde das Gelände schließlich umgewidmet und beherbergt heute das NVA-Museum sowie andere kulturelle und touristische Einrichtungen.

Das NVA-Museum in Prora wurde im April 2020 eröffnet, um die Geschichte der NVA zu dokumentieren und zu bewahren. Die Ausstellung des Museums umfasst mehrere Themenbereiche, die verschiedene Aspekte der NVA und des Militärlebens in der DDR beleuchten. Die meisten Exponate stammen aus dem benachbarten Oldtimer Museum Rügen, das seine militärhistorische Sammlung an den neuen Standort auslagerte und zugleich auch Betreiber des NVA Museums ist.

Das Highlight des NVA-Museums ist natürlich die umfangreiche Sammlung von militärischen Fahrzeugen und Ausrüstungsgegenständen. Diese Sammlung umfasst Panzer, Transportfahrzeuge, Motorräder und andere militärische Fahrzeuge, die von der

► Blick auf die Kettenglieder eines Fahrzeugs. Das NVA-Museum auf Rügen widmet sich der Geschichte der Armee der DDR in allen Belangen.

◄ Zahlreiche Fahrzeuge, aber auch Flugzeuge finden sich in der beeindruckenden Sammlung auf der Ferieninsel Rügen.

© NVA-Museum

▲ Blick in einen Hangar: Flugzeuge, Panzer und Fahrzeuge der NVA kann der Besucher hier aus nächster Nähe sehen.

NVA verwendet wurden. Zu den bemerkenswertesten Exponaten gehören der sowjetische T-72-Panzer, der als Hauptkampfpanzer der NVA diente, und der Schützenpanzer BMP-1, ein gepanzertes Fahrzeug, das in vielen Konflikten des Kalten Kriegs eingesetzt wurde.

Das NVA-Museum legt großen Wert auf interaktive und bildungsfördernde Angebote, die den Besuchern ein tiefes Verständnis für die Geschichte und Bedeutung der NVA vermitteln sollen.

Zu den interaktiven Elementen gehören Simulationen von militärischen Übungen, interaktive Displays und Multimedia-Präsentationen, die die Geschichte der NVA und die geopolitischen Zusammenhänge des Kalten Kriegs veranschaulichen.

Weiter gibt es zusätzlich und regelmäßig Sonderausstellungen und Veranstaltungen, die verschiedene Aspekte der Militärgeschichte und des Kalten Kriegs beleuch-

NVA Museum Rügen

Adresse: Proraer Allee 119, D-18609 Binz / OT Prora	**Telefon:** 038393 2366
Internet: www.nva-museum-ruegen.de	**Behindertengerecht:** Ja
Email: info@nva-museum-ruegen.de	**Restaurant/Café:** Kulinarik in der Nähe
Öffnungszeiten: ganzjährig geöffnet, täglich 10 – 17 Uhr	

Preise: Parken kostenfrei, NVA Museum 6 €, ermäßigt (3 – 12 Jahre) 3 €;
NVA Museum + Oldtimer Museum 15 €, ermäßigt (3 – 12 Jahre) 8 €

▶ Auch Uniformen und andere Gegenstände, die zur NVA gehörten, kann man auf Rügen besichtigen.

ten. Diese Ausstellungen bieten zusätzliche Perspektiven und tragen dazu bei, das Interesse und das Verständnis der Besucher zu erweitern. Darüber hinaus finden regelmäßig Vorträge, Filmvorführungen und andere Veranstaltungen statt, die das Thema vertiefen und zur Diskussion anregen.

Was den Machern des Museums wichtig ist: Man will auch einen Ort des Gedenkens und der Reflexion bieten. Das Museum erinnert an die Soldaten und Zivilisten, die in der NVA gedient haben und von den Ereignissen des Kalten Krieges betroffen waren. Dieser Bereich des Museums ist den persönlichen Geschichten und Erfahrungen gewidmet und bietet einen Raum für Nachdenken und Gedenken.

Das NVA-Museum auf Rügen ist eine Reise wert. Die Geschichte der Nationalen Volksarmee der DDR und deren Rolle im Kalten Krieg wird hier treffend dargestellt, nicht zuletzt durch die zahlreichen Fahrzeuge. Mit seiner umfangreichen Sammlung von militärischen Fahrzeugen, Ausrüstungsgegenständen, Uniformen und Dokumenten bietet das Museum einen tiefen Einblick in die militärische und politische Geschichte der DDR.

▲ Blick aus der anderen Richtung in die Halle. Das Museum liegt in unmittelbarer Nähe zu Prora und den Resten des von den Nationalsozialisten angedachten Strandbads.

Interview mit Timo Guttwein

Position: Marketing Leiter Oldtimer Museum Rügen und NVA Museum Rügen

Alexander Losert: Was macht für Sie die Faszination von Panzerfahrzeugen aus und weshalb zeigen Sie diese in Ihrem Museum?

Timo Guttwein: Panzer findet man bei uns vor allem aufgrund der NVA-Vergangenheit von Prora. In dieser spielten Panzer natürlich auch eine wichtige Rolle.

Alexander Losert: Worin sehen Sie die Aufgabe des Museums?

Timo Guttwein: Darin, die Vergangenheit sinnvoll aufzuarbeiten und dabei aber den Krieg und die Kriegsmaschinen nicht zu verherrlichen.

Alexander Losert: Was ist das Besondere an diesem Museum?

Timo Guttwein: Es befindet sich an einem alten NVA-Standort direkt neben alten NVA-Hallen (in Kombination mit dem Oldtimer Museum Rügen sogar in alten NVA-Hallen).

Alexander Losert: Was denken Sie, fasziniert Menschen an diesen Maschinen?

Timo Guttwein: Die Größe dieser Maschinen. Viele kennen diese nur aus Bildern und Videos und nur die Wenigstens standen schon mal neben einem echten Panzer.

Alexander Losert: Wie kann man Panzer nutzen, um Menschen die Geschichte näherzubringen?

Timo Guttwein: Indem weitere Informationen über das Fahrzeug genannt werden, die sich auf die historische Relevanz und nicht nur die reinen technischen Daten beziehen.

Alexander Losert: Panzer werden für den Krieg gebaut. Wie würden Sie die Rolle des Museums in diesem Zusammenhang beschreiben?

Timo Guttwein: Wir wollen bewusst keinen Krieg bewerben und lehnen auch gezielt alle Anfragen von in dieser Richtung bekannten Magazinen etc. ab. Es ist wichtig die Vergangenheit nicht zu vergessen, aber dennoch sollte man darauf achten, auch die Gefahren der Vergangenheit nicht zu wiederholen.

Alexander Losert: Erinnerung? Technikgeschichte? Verstaubte Relikte? Wie würden Sie aus ihrer Sicht beschreiben, was die Menschen hier sehen?

© NVA-Museum

◄ Im Außenbereich finden sich weitere Ausstellungsstücke wie dieser Mil Mi-2-Hubschrauber der NVA.

© NVA-Museum

▲ Schaukästen, Vitrinen und eben die großen Maschinen machen den besonderen Reiz dieser Sammlung über die jüngere deutsche Militärgeschichte aus.

Timo Guttwein: Ich denke, dass jeder hier etwas anderes sieht. Derjenige, der extra für die Panzer vorbeikommt, wird sie als Technikgeschichte sehen. In Prora kommen auch viele ehemalige Angehörige der NVA vorbei und für diese ist es häufig ein Stück Erinnerung. Bei uns gibt es durch das zweite Museum auch häufig den Fall, dass Leute spontan zu der Oldtimer-Ausstellung auch eine NVA-Karte holen und teilweise gar nicht wissen, worum es sich da handelt und somit auch kein Vorwissen haben. Diese sind dann erstaunt von den Ausmaßen und technischen Möglichkeiten dieser Fahrzeuge.

Alexander Losert: Wegen welcher Fahrzeuge kommen nach Ihrer Einschätzung die meisten Besucher zu Ihnen ins Museum?

Timo Guttwein: Wir haben in unseren Außengelände mehrere Hubschrauber und Flugzeuge aus NVA-Bestand. Diese ziehen schon von Weitem die Blicke auf sich und wecken das Interesse der Besucher.

Alexander Losert: Wie setzten sich Ihre Besucher demografisch zusammen?

Timo Guttwein: Auf Grund der Lage unserer Museen in Prora auf der Urlaubsinsel Rügen ist dies ganz gemischt. In den Sommerferien haben wir viele Familien. Da in der Vor- und Nachsaison allgemein mehr ältere Menschen die Chance nutzen, die schöne Insel Rügen zu besuchen, sind diese in der Zeit natürlich deutlich stärker vertreten.

Alexander Losert: Wie viele Besucher kommen jährlich zu Ihnen?

Timo Guttwein: Wir haben in beiden Häusern im Jahr ca. 80 000 – 100 000 Besucher, von denen ein Großteil auch das NVA Museum mitbucht.

Alexander Losert: Wie finanzieren Sie das Museum?

Timo Guttwein: Durch die Eintrittsgelder der Besucher.

Deutschlands Panzerherz

Deutsches Panzermuseum Munster

© DPM

© DPM

▲ Eingangsbereich des Museums in Munster. Wie der Stein verkündet, gibt es das Panzermuseum seit dem Jahr 1983 in der niedersächsischen Stadt.

Die niedersächsische Kleinstadt Munster ist ein Mekka für Panzerfreunde aus aller Welt. Hier befindet sich seit 1983 das Deutsche Panzermuseum, eine gemeinsame Einrichtung der Stadt Munster und der Bundeswehr darstellt.

Die hier ausgestellten Panzerfahrzeuge reichen vom Beginn der Panzertechnik (etwa der Nachbau eines Sturmpanzerwagens A7V) bis hin zu modernen Fahrzeugen wie einem Prototyp des Schützenpanzers Puma.

Themenschwerpunkt ist die deutsche Technikgeschichte, aber es finden sich auch zahlreiche Muster aus anderen Nationen in der beeindruckenden Sammlung, die sich auf mehrere Hallen aufteilt.

Der Museumsbetrieb ruht dieser auf drei Säulen, eine davon – die wohl wichtigste – ist die Bundeswehr selbst. Sie stellt den größten Teil der Exponate und gewährleistet auch deren Restaurierung, Pflege und Wartung. Die Stadt Munster gewährleistet als zweiter wichtiger Bestandteil den täglichen Betrieb. Den dritten und vielleicht weniger bekannten Part übernimmt der Verein der Freunde und Förderer des Deutschen Panzermuseums Munster e. V. sein. Hier finden sich Interessierte zusammen, die das Museum bei der Anschaffung von neuen Exponaten unterstützen und beraten möchten und teilweise auch bei der Neukonzeptionen einzelner Abteilungen wertvolle Dienste leisten.

Munster dient auch als Lehrsammlung der Bundeswehr und wird entsprechend regelmäßig von deren Angehörigen besucht – so konzentriert sich die Ausstellung in erster Linie darauf, einen Überblick über die Geschichte der deutschen Panzertruppe vom Ersten Weltkrieg bis heute dar.

Die technische Entwicklung des Systems „Panzer“ muss natürlich gleichzeitig im internationalen Vergleich betrachtet und bewertet werden. So verschob sich die Perspektive der Ausstellung nach und nach von der „reinen Technikgeschichte“ hin zur „Modernen Militärgeschichte“, die die Exponate in einen größeren Zusammenhang

◀ Der Gepard gehört auch zu Munster und ist aktuell durch die Ukraine wieder in aller Munde.

► Nachbau eines deutschen Panzers A7V aus dem Ersten Weltkrieg. Er konnte das Kriegsglück auch nicht wenden.

© DPM

stellt. So lernt der Besucher nicht nur etwas über historische Kampfoperationen und Panzertaktik, er erfährt etwa auch, unter welchen Bedingungen Panzer wie der „Tiger I" gebaut wurden.

Dazu setzen die Ausstellungsmacher auch auf interaktive Angebote, um sich vom „verstaubten Image" eines traditionellen Technikmuseums abzugrenzen – mit Erfolg!

Den Kern der Sammlung – die trotz ihres beachtlichen Umfangs naturgemäß nicht vollständig sein kann – bilden deutsche Fahrzeuge. Von der Kaiserlichen Armee, über die Reichswehr und die Wehrmacht bis hin zur Bundeswehr und zur NVA reicht der Fuhrpark.

Einige der Exponate sind zudem fahrbereit und können im Rahmen des Events „Stahl auf der Heide" bestaunt werden. Hier kommen dann auch viele ehrenamtliche Helfer zum Einsatz, die das Team an vielen Stellen – auch als sogenannte Hobbykommandanten – unterstützen.

Die Veranstaltung wurde nach 2018 wegen geplanter Bauarbeiten ausgesetzt, aktuell planen die Verantwortlichen mit einer Neuauflage für das Jahr 2025.

Angesichts der zahlreichen Attraktionen der Sammlung, fällt es schwer, sich auf wenige Highlights zu beschränken.

Deutsches Panzermuseum Munster

Adresse: Hans-Krüger-Str. 33, D-29633 Munster / Niedersachsen

Internet: www.daspanzermuseum.de

Email: fuehrung@daspanzermuseum.de

Öffnungszeiten: Dienstag bis Sonntag, 10 – 18 Uhr, letzter Einlass 17 Uhr
Montags geschlossen. An Feiertagen auch montags geöffnet.
In der Winterzeit 2024/25 vom 19.12.2024 geschlossen.
Am 7.1.2025 öffnet das Museum wieder für Gäste.

Telefon: +49 (0) 5192 / 2552

Behindertengerecht: ja

Restaurant/Café: nein, aber in direkter Umgebung

Fläche: ca. 10 000 m²

Preis: 10 €, ermäßigt 6 €
Kinder bis einschließlich 5 Jahre frei!

Diese fünf Stücke stellen meine Top-Empfehlungen dar:

1. **Sturmtiger: Ein 38 cm-Sturmmörser aus der Zeit des Zweiten Weltkrieges, von dem es nur noch ganz wenige Exemplare gibt.**
2. **Sturmpanzer IV „Brummbär": Eine Artillerie-Selbstfahrlafette mit einer 15 cm-Haubitze. Neben Munster steht ein weiteres vollständiges Exemplar in Kubinka.**
3. **Leopard 1: Der Bundeswehr-Klassiker ist hier in verschiedenen Ausführungen zu finden – ein Meilenstein moderner Panzertechnik. Zudem kann man auch selbst in einen solchen Panzer klettern. Eine Erfahrung, die doch nachdenklich macht, wenn man bedenkt, dass diese Fahrzeuge aktuell wieder in der Ukraine im Einsatz standen.**
4. **Doppelrohrkasemattpanzer: Prototyp eines Kasemattpanzers (also ohne schwenkbaren Turm) mit zwei Kanonen, der als Nachfolger des Leopard 1 gedacht war, sich aber nicht durchsetzen konnte.**
5. **Merkava: Der israelische Panzer dient als Plattform für verschiedene Systeme und gehört zu den schwersten MBT, die es derzeit auf dem Markt gibt. Nur wenige Museen haben einen in ihrem Bestand.**

Neben der normalen Ausstellung gibt es auch immer wieder Sonderausstellungen zu verschiedenen Themenfeldern.

Für einen Besuch dieser Einrichtung mit ihrer schieren Fülle an Exponaten – davon allein über 100 Großexponate – sollte man sich ausreichend Zeit nehmen, schließlich erstreckt sich das Museum über mehrere Tausend Quadratmeter.

Entsprechend groß ist der Zuspruch, den das Deutsche Panzermuseum erfährt, gehört es doch zu den Häusern in Deutschland, die jedes Jahr mehr als 100 000 Besucher anziehen können – insgesamt haben mittlerweile über zwei Millionen Menschen die Einrichtung besucht. Die Begeisterung scheint ungebrochen.

Und für die Zukunft ist auch gesorgt, fließen doch aus dem Bundeshaushalt Mittel, um neue „Panzerunterkünfte" zu bauen und so die Sammlung für die Nachwelt zu erhalten. Damit das deutsche Panzerherz auch weiterhin schlägt.

◄ Russische Panzer wurden zum Sinnbild der Roten Armee: Man setzte in der Sowjetunion aber mehr auf Masse als auf Klasse erst recht nach dem Volksaufstand in der DDR im Jahr 1953.

► Ein besonders Exponat: der Sturmtiger (hier noch in der alten Ausstellung). Dabei handelt es sich um eine Artillerieselbstfahrlafette mit einem 38 cm-Mörser, von dem es nur noch wenige Exemplare gibt.

Interview mit Ralf Raths

Position: Museumsdirektor

Alexander Losert: Was macht für Sie die Faszination von Panzerfahrzeugen aus und weshalb zeigen Sie diese in Ihrem Museum?

Ralf Raths: Gewalt ist ein zentrales Thema der Geschichte und die Sachzeugnisse der Gewalt müssen ebenso einen Platz in den Museen finden wie die Objekte der Kunst und Kultur, der Industrie, des Handwerks, des Alltages und anderer Bereiche. Der Panzer ist als eines von vier ikonischen Waffensystemen des 20. Jahrhunderts (Flugzeug, U-Boot, Gas, Panzer) noch einmal von besonders hoher Relevanz; dies gilt allzumal, da der Panzer nicht nur auf dem Schlachtfeld, sondern sehr häufig auch gegen die jeweils eigene Bevölkerung eingesetzt wurde. Panzer sind Sachzeugnisse der und Symbol für die Moderne in mehrfacher Perspektive.

Alexander Losert: Worin sehen Sie die Aufgabe Ihres Museums?

Ralf Raths: Das Museum folgt dem klassischen Aufgabenkatalog von ICOM, dem Weltverband der Museen. Seine Aufgaben bestehen im Sammeln, Bewahren, Forschen und Vermitteln zu allen Aspekten der Panzerei, also sowohl zu den physischen Objekten, als auch zu deren Nutzung und Wahrnehmung in Vergangenheit und Gegenwart. Das Panzermuseum sieht seine Arbeit dabei nicht als politisch neutral an, sondern als aktiven Beitrag zur Kommunikation und Stützung der freiheitlich-demokratischen Grundordnung. Ziel seiner Arbeit ist daher auch, einen aktiven Beitrag zum Erhalt des Friedens zu leisten; Mittel dazu das ehrliche und kritische Sprechen von Gewalt und Krieg. Das Leitbild des Museums steht auf der Website online und formuliert all diese Gedanken noch weiter aus.

Alexander Losert: Was ist das Besondere an diesem Museum?

Ralf Raths: Drei Dinge greifen ineinander, die das Haus zu einem besonderen Ort machen: Erstens bietet das DPM eine der weltweit besten Sammlung an gepanzerten Gefechtsfahrzeugen. Zweitens stellt das DPM eine ungewöhnlich breite und tiefe Menge an Kontext zu den Objekten an und bietet damit eine kritische und multiperspektivische Vermittlung. Und drittens ist das DPM mit der Ausstellung expliziter Gewaltbilder, die die Folgen der maschinisierten Gewalt zeigen, ungewöhnlich ehrlich und ausdrücklich in seiner Arbeit.

Unsere besondere Verantwortung als deutsches Panzermuseum zeigt sich darin, dass wir diese drei Aspekte auch nutzen, um den Zusammenhang von Panzern mit der Shoah, mit Zwangsarbeit und der Vernichtung durch Arbeit und mit den Verbrechen der Wehrmacht darzustellen.

Alexander Losert: Was denken Sie, fasziniert Menschen an diesen Maschinen?

Ralf Raths: Die meisten Menschen besuchen das Haus mit dem gleichen Mindset wie bei einem Eisenbahn- oder Traktorenmuseum: Die technischen Daten und Leistungen großer Maschinen sind das Faszinierende, das die Menschen ins Haus zieht. Blutrünstigkeit oder Gewaltpornographie spielt das bei praktisch keine Rolle. In der Tat müssen wir den Menschen das Thema Gewalt aktiv anbieten, damit es als wichtig realisiert und rezipiert wird. Dann aber sind plötzlich auch die Kontexte faszinierend: Das Erleben der Menschen, wirtschaftliche Aspekte, die Nutzung des Panzers in der Popkultur und so weiter.

Alexander Losert: Wie kann man Panzer nutzen, um Menschen die Geschichte näherzubringen?

Ralf Raths: Panzer können in vielen Perspektiven wirken: Neben Technik- und Taktikgeschichte sind sie auch Objekte der Politik- und Wirtschaftsgeschichte, der Sozial- und Kulturgeschichte, der Industrie- und Alltagsgeschichte und so weiter. Das Interesse der Menschen an der konkreten Maschine kann so genutzt werden, um größere Zusammenhänge spannend aufzubereiten. Die Unterschiede der Wirtschaftssysteme der USA, der UdSSR und des „Dritten Reiches" sind für viele Menschen eher trockene Themen – wenn man das aber konkret an der Konstruktion der drei Panzer Sherman, T-34 und Panzer IV durchdekliniert, wird das Ganze plötzlich konkret, fassbar und spannend. Hier wird auch ein weiter Aspekt der Arbeit des DPM deutlich: Auch wenn der Fokus auf der deutschen Panzerwaffe liegt, wird das Thema immer international verstanden und bearbeitet.

Alexander Losert: Welchen Panzer hätten Sie gerne noch in der Sammlung – und warum?

Ralf Raths: Das DPM hat noch eine Reihe von Panzern auf seinem „Wunschzettel". Ein wichtiges Objekt wäre ein Renault FT. Dieses Fahrzeug ist eines der wichtigsten Modelle der Panzergeschichte und muss daher dringend in unsere Sammlung. Für die deutsche Modellreihe sind der Panzer

II und der Panzer VI, also der Tiger, die schmerzlichsten Lücken. Und für die Neuzeit wäre es gut, wenn wir die Varianten des Leopard II um einen Abrams, einen LeClerc und einen T-90 ergänzen könnten.

Alexander Losert: Wegen welcher Fahrzeuge kommen nach Ihrer Einschätzung die meisten Besucher zu Ihnen ins Museum?

Ralf Raths: Die Fahrzeuge der Wehrmacht sind auf jeden Fall die Objektgruppe, die die meisten Menschen zum Besuch veranlasst. Das überrascht aber auch nicht, weil diese Fahrzeuge erstens unsere ältesten Objekte sind und Superlative wie „das teuerste X“ oder „das seltenste Y2 oft einen besonderen Reiz für Besucher:innen darstellen. Und zweitens sind diese Objekte mit dem Zweiten Weltkrieg verknüpft, der ein weitaus faszinierenderes Narrativ darzustellen scheint als der Kalte Krieg oder die Einsatzzeit der Bundeswehr. Die Objekte dieser beiden Perioden teilen sich den zweiten Platz des Interesses.

Alexander Losert: Wie setzten sich Ihre Besucher demografisch zusammen?

Ralf Raths: Das Publikum ist für ein Museum erstaunlich jung. Rund 90 % der Besucher:innen sind unter 60 Jahren und die größten Ballungen finden sich dann einerseits in der Kohorte 10 – 19 Jahre und dann andererseits in kleinerer, aber jeweils gleicher Größe in den Kohorten 20 – 29, 30 30 und 40 – 49. Das bedeutet, dass die Masse der Besuche durch Familien erfolgt und da die Spitzen in den Ferien liegen, wird damit deutlich, dass das Museum vom Heidetourismus getragen wird. Dieser Befund wird bestärkt dadurch, dass ein Viertel bis ein Drittel der Personen Frauen sind und 83 % der Besucher:innen nie beim Militär waren oder maximal einen Wehrdienst geleistet haben. Es handelt sich also nicht um spezialinteressierte, vorgebildete, alte Männer, wie es das Klischee will, das sich anbietet, sondern um breit interessierte Familien mit diversen Hintergründen.

Alexander Losert: Wie viele Besucher kommen jährlich zu Ihnen?

Ralf Raths: Mit Ausnahme der Coronajahre gehört das Panzermuseum seit 2013 zu den rund 5 % der deutschen Museen, die pro Jahr über 100 000 Besuche verzeichnen. 2023 besuchten rund 130 000 Menschen das Haus.

Alexander Losert: Wie finanzieren Sie das Museum?

Ralf Raths: Die Finanzierung bzw. der Betrieb des Museum ruht auf drei Säulen: Der eigentliche Museumsbetrieb wird von der Stadt Munster getragen. Die Masse der Kosten wird durch die Einnahmen gedeckt; verbleibende Kosten trägt die Stadt Munster. Die Bundeswehr stellt die Großobjekte und bewahrt sie in Zusammenarbeit mit ehrenamtlichen „Hobbykommandanten“. Als dritte Säule tritt der Förderverein hinzu, der das Museum mit Geldern unterstützt.

Alexander Losert: Was ist Ihr persönliches Lieblingsstück in der Sammlung?

Ralf Raths: Der A7V von 1917. Das Fahrzeug ist zwar nur eine Replik, aber das Modell an sich ist so faszinierend in einer ganzen Vielzahl von Perspektiven, dass es für mich das spannendste Objekt geworden ist.

▲ Der Leopard gilt als einer der besten Panzer der neueren Militärgeschichte. Viele der verschiedenen Modelle kann man in Munster sehen.

Alexander Losert: Welche Sonderveranstaltungen haben Sie über das Jahr verteilt?

Ralf Raths: Mehrmals im Jahr bieten wir den „Tag der offenen Luke" an, an dem Ehrenamtliche ihre Fahrzeuge öffnen und den ganzen Tag für Fragen zur Verfügung stehen. Die Termine finden sich auf der Website. Unsere jährliche Großveranstaltung „Stahl auf der Heide" mit fahrenden Panzern war die letzten Jahre aus organisatorischen Gründen ausgesetzt; hier streben wir eine Wiederaufnahme für 2026 an.

Alexander Losert: Auf welchen Ebenen arbeiten Sie mit anderen Museen zusammen?

Ralf Raths: Das Deutsche Panzermuseum ist eng mit den anderen Häusern weltweit vernetzt. Während richtiger Objekttausch zwischen den Häusern wegen der Größe und der rechtlichen Aspekte eher selten ist, wird hinter den Kulissen viel zusammengearbeitet, wenn es um Forschung, Ersatzteile und technische Hilfe, Unterstützung bei Events usw. geht.

Alexander Losert: Wie können Menschen das Museum erleben, die den Weg dorthin nicht bewältigen können?

Ralf Raths: Das DPM betreibt den mit Abstand erfolgreichsten YouTube-Kanal der deutschsprachigen Museumswelt. Als erstes Museum in Deutschland erhielt es 2022 den silbernen YouTube-Playbutton für 100 000 Abonnements. Der Kanal bietet sowohl historische Informationen rund um die Panzer und allgemein die Panzerei, als auch Videos zu Aspekten der Museumsarbeit an sich, Aufnahmen von Events, Interviews und Werbung für hauseigenes Merchandise. Die bisher rund 270 Videos sind bisher über 25 Millionen Mal abgerufen worden.

Deutschland / Dresden

Das Leitmuseum der Bundeswehr

Militärhistorisches Museum der Bundeswehr

© Dresden Fotothek

▲ Blick auf das historische Gebäude, in dem sich nun das Museum der Bundeswehr heute befindet. Seit dem Umbau nach Plänen des Stararchitekten Daniel Libeskind durchschneidet ein gläserner Keil die Fassade.

Das Militärhistorische Museum der Bundeswehr (MHM) darf in diesem Buch natürlich nicht fehlen. Auch wenn es sich selbst nicht als Panzermuseum definiert, so verfügt die Sammlung doch über einiges an Fahrzeugen und gehört zu den großen und wichtigen Häusern in der Bundesrepublik.

„Das Militärhistorische Museum der Bundeswehr in Dresden gehört zu den bedeutendsten Geschichtsmuseen Europas. Im Zentrum der Ausstellungen stehen der Mensch und die Frage nach den Ursachen und Folgen von Krieg und Gewalt. Es versteht sich als ein Forum für den Diskurs über die Rolle von Krieg und Militär in Vergangenheit, Gegenwart und Zukunft.

◄ Ein Leopard 1 aus Bundeswehrbeständen in der Dresdner Sammlung. Darüber schwebt ein F 104-Starfighter.

◄◄ Auch Panzer gehören natürlich zu Dresden.

▲ Auch im Außenbereich finden sich Panzer in unterschiedlichem Zustand, vorne ein Bergepanzer 1.

Zu den Kernaufgaben des Museums gehören das Sammeln, Bewahren, Erforschen und Ausstellen historischer Objekte zur deutschen und internationalen Militärgeschichte. Das MHM in Dresden präsentiert hierzu eine umfangreiche Dauerausstellung sowie verschiedene Sonderausstellungen, die von vertiefenden Publikationen begleitet werden. Außerdem bietet das MHM ein vielfältiges öffentliches Kulturpro-

Militärhistorisches Museum der Bundeswehr

Adresse: Olbrichtplatz 2, D-01099 Dresden, Stauffenbergallee (Tram 7/8, Bus 64)	**Telefon:** 0351 8232777 **Behindertengerecht:** ja
Internet: www.mhmbw.de **Email:** mhmeingang@bundeswehr.org	**Restaurant/Café:** Aufgrund eines Pächterwechsels bleibt das Restaurant bis auf Weiteres geschlossen. Bitte berücksichtigen Sie dies bei Ihrem Besuch. Über einen Automaten können Sie sich mit Getränken und Süßigkeiten versorgen.
Öffnungszeiten: Montag 10 - 21 Uhr, Dienstag bis Sonntag 10 - 18 Uhr, Mittwoch geschlossen. Letzter Einlass: 30 Minuten vor Schließung. Letzter Kartenverkauf: 17 Uhr. Gutschein- und Bücherverkauf am Infotresen. Bezahlung mit EC- und Kreditkarte ist möglich.	**Preise:** Dauerausstellung: regulär: 5 €, ermäßigt: 3 €. (Eintritt in die Ausstellung „Die Bundeswehr in der Ära Merkel“ ist darin inbegriffen). Sonderausstellung: regulär: 5 €, ermäßigt: 3 €, Kombi-Ticket: regulär: 7 €, ermäßigt: 4 €, Jahreskarte: regulär 15 €, ermäßigt: 10 €. Aufgrund der umfangreichen Ausstellungen empfehlen wir den Kauf einer Jahreskarte, die sich schon ab dem zweiten Besuch lohnt. Freier Eintritt und Ermäßigungen u. a. für Angehörige der Bundeswehr sowie Kinder und Jugendliche. Montags freier Eintritt ab 18 Uhr.

gramm sowie umfangreiche pädagogische Angebote für zivile und militärische Besucherinnen und Besucher."

Diese Selbstbeschreibung trifft den Kern dessen, was das Haus ausmacht. Zu den historischen Objekten gehören eben auch Fahrzeuge, die man dort bewundern kann.

▲ Neben Gerät der Bundeswehr gehört auch solches der NVA zum Schwerpunkt.

Das Gebäude am Olbrichtplatz entstand von 1873 bis 1877 und diente als Arsenalhauptgebäude. Nach dem Ersten Weltkrieg wurde es als Militärdepot aufgegeben und bereits 1923/24 zum Sächsischen Armeemuseum erklärt, ehe es 1938 in „Heeresmuseum der Wehrmacht" und 1942 in „Armeemuseum" umbenannt wurde. Nach Kriegsende transportierten die Sowjets große Teile der Ausstellung ab. Doch die DDR-Führung gab den historischen Standort nicht auf und richtete hier ein eigenes Museum ein, dass sich der Geschichte der NVA widmete. Nach der Wiedervereinigung ging das Museum an Bundesministerium der Verteidigung über.

Das neue MHM wurde 1994 zum Leitmuseum im Museums- und Sammlungsverbund der Bundeswehr ausgebaut und machte vor allem Schlagzeilen, als der Architekt Daniel Liebeskind das Museum umbaute und die historische Fassade um einen keilförmigen Anbau erweiterte.

Seit 2011 ist das Museum wieder geöffnet und zieht jedes Jahr Tausende Besucher an – nicht umsonst gehört es zu den bedeutendsten Geschichtsmuseen in Deutschland und Europa.

◀ Sowjetische Panzer, respektive Material der NVA, bilden einen Teil der Ausstellung in Dresden.

Die Heimstätte der Prototypen

Wehrtechnische Studiensammlung Koblenz

Relativ unbekannt, dafür umso sehenswerter, ist die Wehrtechnische Studiensammlung (WTS) Koblenz. Was sich hier alles unter einem Dach versammelt, gehört zu den waffentechnisch besten Sammlungen, die man auf der Welt finden kann – und das nicht nur in Hinsicht auf Fahrzeuge.

Im Jahr 1961 genehmigte der Bundesminister der Verteidigung, Franz-Josef Strauß, die Einrichtung der Sammlung. Er begründete dies unter anderem so: „Um neue Waffen beziehungsweise Munition entwickeln oder vorgestelltes Gerät konstruktiv und funktionell beurteilen zu können, ist die Kenntnis vorhandener oder der längsten Vergangenheit angehörender Geräte Voraussetzung. (...)“

So stand am Anfang eine “Waffen- und Munitionssammlung für Entwicklungs- und Konstruktionsstudien“, die zuerst in Meppen beheimatet war, wobei an eine Transferierung der Bestände nach Koblenz zum Mutterhaus, dem damaligen Bundesamt für Wehrtechnik und Beschaffung (BWB), gedacht war. Dort sollte, sobald entsprechender Platz zur Unterbringung zur Verfügung stünde, eine „Wehrtechnische Studiensammlung“ aufgebaut werden, die nicht auf Waffen und Munition beschränkt, sondern auf technologisch bedeutsame Objekte aus allen Bereichen der Wehrtechnik auszudehnen war.

Im Jahr 1978 erfolgte als erster Schritt der vorgesehenen Einrichtung die Überführung der gesamten Handfeuerwaffen aus dem Emsland ins rheinland-pfälzische Koblenz.

Im Jahr 1982 wird die „WTS“ in der ehemaligen Langemarck-Kaserne in der Mayener Straße in Koblenz-Lützel (wo sie sich auch heute noch befindet) eröffnet, und man tauscht sich seither mit anderen Einrichtungen aus, etwa dem Museum in Saumur oder dem US Army Ordnance Museum in Aberdeen oder auch dem Technischen Museum in Sinsheim.

Seit dem Jahr 2012 untersteht die WTS dem neuen Bundesamt für Ausrüstung, Informationstechnik und Nutzung der Bundeswehr (BAAINBw), welches zu dieser Zeit aus dem BWB und dem IT-Amt der Bundeswehr hervorging.

Zweck der Sammlung ist zunächst die Wahrnehmung der dienstlichen Kernaufgaben, die da wären:

◄ In Koblenz kann man zahlreiche Fahrzeuge sehen, darunter seltene Prototypen oder Versionen von Panzern und Panzerfahrzeugen.

► Der unscheinbare Eingang der WTS in Koblenz. Hier findet sich eine der besten Militärsammlungen der Welt.

▲ Blick in einen Teil der Sammlung. Noch immer werden Studien durchgeführt, aber auch normale Besucher können die Ausstellung besuchen und das gerade einmal für 3 Euro.

- Firmenarchiv des BAAINBw und wehrtechnisches Dokumentationsarsenal,
- Fachexpertise für die Materialentstehung und
- wehrtechnische fachspezifische Aus- und Fortbildung innerhalb und außerhalb der Bundeswehr.

Der fachliche Bedarf der Projektabteilungen und der Wehrtechnischen und Wehrwissenschaftlichen Dienststellen des BAAINBw ist dabei handlungsleitend.

Interessant ist zudem, dass die Sammlung aber auch in der Öffentlichkeit präsent ist, dort aber als normales „Museum" wahrgenommen wird und auch in den entsprechenden Publikationen als solches auftaucht. Laut Bundeswehr ist es aber kein Museum im hergebrachten Sinne, sondern ein Teil der Sammlung wehrtechnischer Exponate, welcher der Öffentlichkeit zugänglich ist.

(Für die Darstellung von historischen Zusammenhängen betreibt die Bundeswehr das Militärhistorische Museum (MHM) der Bundeswehr in Dresden.)

Die WTS gehört mit ihren weit über 20 000 Sammlungsobjekten – von denen ca. 2500 auf mehr als 7000 Quadratmetern Ausstellungsfläche öffentlich zugänglich sind – zu

Wehrtechnische Studiensammlung (WTS) Koblenz	
Adresse: Mayener Straße 85 – 87, D-56070 Koblenz	**Telefon:** 0261 9836921423
Internet: https://www.bundeswehr.de/de/organisation/ausruestung-baainbw/organisation/wehrtechnische-studiensammlung	**Behindertengerecht:** nein
Email: Kontaktformular	**Restaurant/Café:** nein
Öffnungszeiten: ganzjährig täglich von 9:30 – 16:30 Uhr (auch an Feiertagen, außer an Neujahr, Rosenmontag, Karfreitag, Heiligabend/Weihnachten, Silvester, und gegebenenfalls an weiteren Schließungstagen nach entsprechender Bekanntgabe).	**Fläche:** ca. 7000 m^2 **Preise:** 3 € Für Angehörige der Bundeswehr mit Dienstausweis ist der Eintritt frei. Für Kinder unter 10 Jahren ist der Eintritt frei.

den größten Sammlungen dieser Art in Europa. Darüber hinaus betreibt sie eine nicht öffentliche wehrtechnische und militärwissenschaftliche Fachbibliothek mit ca. 18 000 Bänden und mehr als 30 000 technischen Dienstvorschriften.

Was die Inhalte und Exponate angeht, so gliedern sie sich in Artillerietechnik, Pioniertechnik, marinetechnisches Gerät, Luftfahrzeugtechnik, elektronisches Gerät, Optisches Gerät, Bekleidung und persönliche Ausrüstung, Handfeuer- und Maschinenwaffen und anderes – wie eben auch Rad- und Kettenfahrzeugtechnik.

Und genau beim letzten Punkt besticht die WTS auf einzigartige Weise, kann man doch hier seltene Prototypen sehen, die natürlich auch zu meinen Highlights zählen:

- **Der Panzerkampfwagen V „Panther" mit Nachtjagdausstattung (1943-1945),**
- **Der Prototyp des Kampfpanzer 70 – einem eingestellten deutsch-amerikanischen Projekt, aus dessen Entwicklungsergebnissen aber dann der Leopard 2 und der M1 Abrams hervorgingen (Entwicklung 1963-1971),**
- **Der Versuchsträger VT1-2, ein Experimentalfahrzeug mit gleich zwei Kanonenrohren („Doppelrohr-Kasematt-Panzer", Entwicklung 197 – 1985") ... – ohne Worte,**
- **Der Radkampfwagen (bzw. Radpanzer) 90, der von Daimler-Benz entwickelt wurde und einen Leo-Turm tragen sollte (Entwicklung ab 1983).**
- **Der Prototyp des Leopard 2, der heute einer der besten Panzer der Welt ist** (1973).

▲ Flakvierling auf einem mittleren Zugkraftwagen – neben Panzern gibt es noch viel mehr in Koblenz zu entdecken.

Man sieht: Der Besuch in der WTS lohnt sich! Und es gibt immer wieder etwas Neues zu entdecken. Deswegen bin ich auch immer wieder gerne dort.

Interview Thorsten Erxleben

Position: Leiter der Wehrtechnischen Studiensammlung (WTS) des BAAINBw

Alexander Losert: Was macht für Sie die Faszination von Panzerfahrzeugen aus und weshalb zeigen Sie diese in Ihrem Museum?

Thorsten Erxleben: Die Wehrtechnische Studiensammlung (WTS) ist im eigentlichen Sinne kein (Panzer-)Museum, sondern dokumentiert den technischen Fortschritt von Wehrmaterial, u. a. gepanzerter Fahrzeuge. Dies unterstützt die Beschaffung neuer Technologien für die Bundeswehr und dient der fachspezifischen Aus- und Fortbildung von Fachkräften in der Wehrtechnik sowie von Soldatinnen und Soldaten der Bundeswehr.

Alexander Losert: Worin sehen Sie die Aufgabe der WTS?

Thorsten Erxleben: In ihren Kernaufgaben ist die WTS das Firmenarchiv des Bundesamtes für Ausrüstung, Informationstechnik und Nutzung der Bundeswehr (BAAINBw). Die WTS betreibt als eine Nebenaufgabe eine Ausstellung in Koblenz, die mit ca. 2500 Exponaten auf ca. 7200 m^2 Ausstellungsfläche einen Teil der Sammlung auch der Öffentlichkeit zugänglich macht.

Alexander Losert: Was ist das Besondere an der WTS?

Thorsten Erxleben: Die WTS stellt ein breites Spektrum der Wehrtechnik aus. Von der Bekleidung und persönlichen Ausrüstung der Soldatinnen und Soldaten, über Fernmelde- und optisches Gerät bis hin zu verschiedenen Disziplinen der Militärtechnik wird neben der Panzer- bzw. Fahrzeugtechnik Material der einzelnen Teilstreitkräfte der Bundeswehr gesammelt, dokumentiert und in Teilen öffentlich ausgestellt. Unter den gezeigten Objekten finden sich Serienstände, aber auch weniger bekannte Demonstratoren und Prototypen sowie einige Kuriositäten.

Alexander Losert: Was denken Sie, fasziniert Menschen an diesen Maschinen?

Thorsten Erxleben: Die Beweggründe eines Besuchs in der WTS sind sicherlich ganz individuell. In erster Linie dient die WTS der Aus- und Fortbildung der (Nachwuchs-)Beamtinnen und Beamten, denen die Besonderheiten der Militärtechnik nahegebracht werden sollen und deren Interesse von Berufs wegen dorthin zielt. Bei den Besucherinnen und Besuchern aus der Öffentlichkeit sind dies meist allgemein technisch interessierte Menschen, aber auch solche, die mit historischem Hintergrund den Zusammenhang zur Technik suchen. Dazu zählen wiederum Menschen, die mit Panzern und anderer Militärtechnik bisher weniger bis keinen Kontakt hatten, wie auch solche, die auf eine eigene Zeit in der Bundeswehr zurückblicken.

Alexander Losert: Wie kann man Panzer nutzen, um Menschen die Geschichte näherzubringen?

Thorsten Erxleben: Inhalt der WTS ist die Militärtechnikgeschichte, dokumentiert wird dabei der technische Fortschritt im Laufe der Zeit.
Die Anforderungen z. B. an Panzer richten sich nach den jeweiligen Einsatzszenaren. Indem die technischen Unterschiede der einzelnen Fahrzeuge gezeigt und erläutert werden, können die jeweiligen historischen Zusammenhänge gleichermaßen betrachtet werden. Obgleich die WTS einzig den Fokus auf die Technik legt und hierin ihren Ausbildungsauftrag hat, wird ein technisches oder einsatzspezifisches Interesse an den Fahrzeugen die Besucherinnen und Besucher möglicherweise auch zu einer geschichtlichen Einordnung und zum Vergleich mit ziviltechnischen Parallelentwicklungen anregen.

Alexander Losert: Panzer werden für den Krieg gebaut. Wie würden Sie die Rolle der WTS in diesem Zusammenhang beschreiben?

Thorsten Erxleben: Die WTS dient als Dokumentationsarsenal des BAAINBw. Sie stellt Fachexpertise in der Materialentstehung bereit und unterstützt somit bei der Beschaffung von Material für die verschiedensten Aufgaben der Bundeswehr. Sie unterstützt mit ihrer Sammlung die Aus- und Fortbildung insbesondere der technischen Nachwuchskräfte der Bundeswehr. Die WTS konzentriert sich dabei ausschließlich auf die Technik, die auch die Technik gepanzerter Fahrzeuge beinhaltet.

In der öffentlich zugänglichen Ausstellung können sich interessierte Besucherinnen und Besucher über die technischen Besonderheiten informieren und gewinnen einen Eindruck von deren technischer Umsetzung im Laufe der Zeit.

Alexander Losert: **Erinnerung? Technikgeschichte? Verstaubte Relikte? Wie würden Sie aus ihrer Sicht beschreiben, was die Menschen hier sehen?**

Thorsten Erxleben: Als wehrtechnische Studiensammlung können die Besucherinnen und Besucher vor allem Technik und deren Entwicklung über die Zeit bestaunen, damit ist es Technikgeschichte. Der Schwerpunkt liegt hierbei auf technischen Entwicklungen für die Bundeswehr bis in die heutige Zeit. Ergänzt wird die Sammlung mit (älterer) Technik aus den Weltkriegen sowie Gerät aus anderen Nationen.

Alexander Losert: **Welchen Panzer hätten Sie gerne noch in der Sammlung – und warum?**

Thorsten Erxleben: Die Bestände der WTS richten sich nach ihrem Auftrag. Dabei liegen wesentliche Meilensteine der Militärtechnik im Interesse der WTS und der Projektabteilungen des BAAINBw als ihre Hauptnutzer. Wichtig ist somit nicht, einen speziellen Panzer ausstellen zu können, weil er irgendjemandem z. B. wegen seines Designs gefällt, sondern solche Exponate im Bestand zu haben, mit denen technische Besonderheiten am Ob-

▲ Panzermodell des T-72M – als Lehrmodell. Hier erkennt man, wozu die WTS auch dient: Sich mit anderem Gerät vertraut zu machen.

▲ Hier ein Versuchsträger VT1 mit zwei Geschützen. Dahinter weitere Prototypen, die man so kaum noch findet und vor allem besichtigen kann.

jekt gezeigt und erklärt werden können. Für den Moment sind wir damit im Bestand gut aufgestellt. Für die Zukunft gilt unser Interesse Exponaten, welche mit neueren technischen Entwicklungen aufwarten.

Alexander Losert: Wegen welcher Fahrzeuge kommen nach Ihrer Einschätzung die meisten Besucher in die WTS?

Thorsten Erxleben: Ein besonderes Highlight der Ausstellung ist das Schnittmodell des „Kampfpanzers Standard", welches präsent im Eingangsbereich der Großgerätehalle steht. Dieses aufwändig aus originalen Bauteilen hergestellte Modell zeigt, wie ein Kampfpanzer im Inneren aussieht. Dies bietet damit einen besonderen An- bzw. Einblick, der bei anderen, nicht als Schnittmodell ausgestellten Panzern, verwehrt bleibt.

Alexander Losert: Wie setzten sich Ihre Besucher demografisch zusammen?

Thorsten Erxleben: Die WTS wird von Besucherinnen und Besuchern jeglichen Alters und Geschlechts besucht. Eine detaillierte Zählung bzw. Auswertung erfolgen im Rahmen des Einlasses nicht.

Alexander Losert: Wie viele Besucher kommen pro Jahr zu Ihnen?

Thorsten Erxleben: Seit ihrer Wiedereröffnung am 19. Juni 2023 verzeichnete die WTS inzwischen fast 30 000 Besucherinnen und Besucher aus der Bundeswehr, Angehörige der Streitkräfte befreundeter Nationen, aus anderen Behörden und aus der breiten Öffentlichkeit, dabei waren 70 verschiedene Nationalitäten aus Europa, Nord- und Südamerika, Afrika, Asien und Australien vertreten.

Alexander Losert: Wie finanzieren Sie Ihre Einrichtung?

Thorsten Erxleben: Als Studiensammlung einer Bundesoberbehörde, des BAAINBw, wird die WTS aus dem Bundeshaushalt finanziert. Im öffentlich zugänglichen Teil der Sammlung nimmt Sie von den nicht bundeswehrangehörigen Besucherinnen und Besuchern ein kleines Eintrittsgeld ein, welches zum einen Teil in den Bundeshaushalt fließt; einen weiteren Teil erhält die Stadt Koblenz, die der WTS das öffentlich zugängliche Ausstellungsgebäude zur Verfügung stellt.

Alexander Losert: Was ist Ihr persönliches Lieblingsstück in der Sammlung?

Thorsten Erxleben: Bezogen auf gepanzerte Fahrzeuge sind dies gleich zwei: der Panzerkampfwagen V „Panther" ist ein wesentlicher Meilenstein des Panzerbaus. Vom Grundkonzept her werden Panzer heute nicht wesentlich anders gebaut. Auf der technisch gesehen sehr modernen Seite steht der Prototyp des Gepanzerten Transport-Kraftfahrzeugs (GTK) Boxer. Der Boxer ist der neueste und modernste Radpanzer der Bundeswehr. Er vereint Beweglichkeit mit Schutz und dient als Führungspanzer, Rettungsfahrzeug im Sanitätsdienst oder den Infanteristen als Transportfahrzeug, ist also mit einem hohen Schutzniveau sehr vielseitig einsetzbar.

Alexander Losert: Welches sind die fünf Highlights in Ihrem Museum?

Thorsten Erxleben: Um die Entwicklungsgeschichte bezogen auf Panzertechnik abzubilden, sind in der öffentlichen Ausstellung zum Beispiel der leichte Kampfwagen Renault FT 17 und der Panzerkampfwagen V „Panther" zu sehen. Die Darstellung des Versuchsträgers VTS-1 mit scheitellaffetierter Bewaffnung neben dem Doppelrohrkasemattpanzer VT1-2 und dem Kampfpanzer 70 machen einen direkten Vergleich der wesentlichen verschiedenen Bauformen von Panzern möglich. In Bezug auf Panzertechnik sind diese Exponate durchaus als Highlights zu sehen. Der Ausstellungsbereich der WTS hat neben gepanzerten Fahrzeugen jedoch noch viele weitere technische Highlights zu bieten…

Alexander Losert: Welche Sonderveranstaltungen haben Sie über das Jahr verteilt?

Thorsten Erxleben: Eine besondere Veranstaltung der WTS ist die Teilnahme an der jährlich stattfindenden Koblenzer Museumsnacht. Darüber hinaus sind Exponate jeglicher Art der Studiensammlung regelmäßig auf verschiedenen Veranstaltungen zu sehen, zum Beispiel beim Tag der Bundeswehr oder dem (inzwischen nur noch alle zwei Jahre stattfindenden) Rheinland-Pfalz-Tag, an dem die Bundeswehr sich regelmäßig beteiligt, mit ihr die WTS.

Alexander Losert: Auf welchen Ebenen arbeiten Sie mit anderen Museen zusammen?

Thorsten Erxleben: Die Wehrtechnische Studiensammlung arbeitet vorrangig mit anderen Sammlungen und Museen der Bundeswehr zusammen. Darüber hinaus findet ein fachlicher Austausch mit zivilen Museen statt, wobei hierbei vereinzelt Objekte der WTS als Leihgabe an andere Sammlungen übergeben werden. Größere Leihobjekte befinden sich z. B. in den Technik Museen Sinsheim und Speyer. Die WTS ist Mitglied des Museumsverbands Rheinland-Pfalz und des International Council of Museums (ICOM).

Deutschland / Stammheim

Museum goes Hollywood

Museum für Militär- und Zeitgeschichte Stammheim

Was mit einer Idee von verschiedenen Enthusiasten begann, hat sich mittlerweile zu einem Anziehungspunkt für alle Militärinteressierten und Zeitgeschichtsfreunde über die deutschen Grenzen hinaus entwickelt. Als besonderes Schmankerl wird der Besucher auch ganz nebenbei noch in die Lokalgeschichte eingeführt.

▲ Schon dieses Jagdflugzeug in Stammheim deutet daraufhin, was den Besucher erwartet.

Und was man im unterfränkischen Stammheim zusammengetragen hat, ist aller Ehren wert, da es auch mehr abdeckt als nur Panzer, wobei gerade hier natürlich auch einige besondere Stücke dabei sind.

Der Leopard 1 A4 ist eines der Glanzstücke in der Sammlung, aber auch der Feuerlöschmarder ist etwas Besonderes, denn er ist ein Unikat. Bei der Demilitarisierung brannte das gute Stück aus, doch den Technikern im Museum gelang es, den Marder wieder in unzähligen Stunden aufzubauen.

Auch wenn es kein Panzer ist, so finde ich persönlich den Sanitätskraftwagen Luaz 967 M („Geschädigtenschlepper“) äußerst interessant, weil ich ihn so nicht kannte und weil es zudem noch ein Amphibienfahrzeug sein soll – ausprobieren möchte es das Museum aber nicht.

◄ Panzer – davon gibt es in Stammheim einige zu bewundern und anzufassen.

▲ Links ist der Eingang des Museums Stammheim. Die Brücke eines Brückenlegers ist weithin sichtbar.

► Ein Panzerwagen auf dem Freigelände. Auch für Filme und Serien stellt das Museum Fahrzeuge zur Verfügung.

► Wachhauschen in einer Hallen nebst einem besichtigbaren Panzerturm neben einer Antonow. Es gibt in Stammheim viel zu sehen.

Museum Militär- und Zeitgeschichte

Adresse: Maintalstraße 6, D-97509 Stammheim/Gde. Kolitzheim

Internet: www.museum-stammheim.de

Email: info@museum-stammheim.de

Telefon: 09381 / 8469003

Öffnungszeiten: Das Museum ist vom 1. März bis 31. Oktober geöffnet. Dienstag bis Sonntag 10 – 18 Uhr, Montag Ruhetag, außer an Feiertagen.
Gruppenführung nach Vereinbarung.
Hunde sind im Museum nicht gestattet!

Behindertengerecht: bedingt behindertengerecht (nicht alles zugänglich).

Restaurant/Café: ja

Fläche: über 17 000 m^2

Preise: Kinder bis 6 Jahre Eintritt frei, Jugendliche 6 – 14 Jahre 6 €, Erwachsene 10 €, Gruppen ab 20 Personen pro Person 9 €, Familienkarte 28 €, Führung (1,5 h) (vorab buchen) 50 €.

Hinzu kommen der Pershing, der US-amerikanische Bergepanzer M88 und der Panzerspähwagen M8. Aber es gibt natürlich bei einem Rundgang noch viel mehr zu entdecken.

Angefangen hat alles im Oktober 1994, als eine kleine Gruppe von Modellbauern, Historikern, Sammlern und anderen Enthusiasten darüber debattierte, wie sich die gemeinsamen Interessen bündeln ließen. So entstand der „Verein Militärgeschichte Franken e. V.", der im Jahr 1997 auf etwa 400 Quadratmetern eine kleine Ausstellung präsentierte.

Aus diesen bescheidenen Anfängen ist mittlerweile ein Museum mit 17 000 Quadratmetern in mehreren Hallen und einem Freigelände erwachsen. Über 20 000 Exponate können bestaunt und betrachtet werden, die in der Regel Leihgaben von privaten Sammlern sind.

Der Verein selbst hat über 500 Mitglieder, die sich um Erhalt, Erweiterung und alles andere rund um das Museum kümmern.

Das Museum in Stammheim gehört mittlerweile zu den bekannteren Institutionen seiner Art, stellt es doch regelmäßig Requisiten für Film- und Fernsehproduktionen zur Verfügung. So etwa für „Rommel" mit Ulrich Tukur oder „Monuments Men" mit Stars wie George Clooney und John Goodman.

Zahlreiche Veranstaltungen wie der „Panzertag", die „Modelltage", der „Museumsfrühling" und weitere Events machen Stammheim immer wieder zu einem lohnenden Ziel.

Ausklingen kann der Tag in der angegliederten Gastronomie, wo es neben deftiger auch leichte Kost gibt.

▲ Spähpanzer Luchs auf der Wiese vor dem Museumsgelände. Ein Veteran der Bundeswehr, von denen es in Stammheim einige gibt.

Der deutsche Geheimtipp

Museum für Zivil- und Wehrtechnik in Uffenheim

© Museum Uffenheim

▲ Der „Leopard" eröffnete ein neues Zeitalter in der Panzertechnik. Und eben dieser „Leo" kann in Uffenheim statisch, aber auch in Bewegung erlebt werden.

Leidenschaft und Freude an der Beschäftigung mit Geschichte. Anders lässt sich nicht beschreiben, was eine Gruppe von Enthusiasten rund um Ernst Scheuerlein seit dem Jahr 2005 in Uffenheim aufgebaut hat.

Zwar liegt es etwas versteckt, doch ist das Museum für Zivil- und Wehrtechnik ein Geheimtipp für alle Panzerenthusiasten und Militärfreunde.

Der Trägerverein des Museums entstand 2005 als Zusammenschluss einiger Gleichgesinnter. Ziel war die Schaffung einer Ausstellung mit militärischer Technik. Panzer sollten von Anfang an Teil des Projektes sein. Doch wegen der Größe dieser Exponate stellte sich bald die Frage: Wo sollte man eine derartige Sammlung aufbauen? Die Anforderungen an ein passendes Areal waren hoch: Es musste ein großes Gelände sein, das sich aber auch einfach erreichen lässt – man denke nur an die Anlieferung der Fahrzeuge – und vor allem sollte das Areal auch genügend Fläche bieten, um zahlreiche Besucher aufzunehmen und Sonderveranstaltungen zu ermöglichen.

In Uffenheim im fränkischen Landkreis Neustadt an der Aisch-Bad Windsheim bot sich die Gelegenheit, eine solche Liegenschaft für das Museum zu bekommen: Auf dem Gelände einer ehemaligen Möbelfabrik fand der Verein alle Möglichkeiten für die Realisierung seines ambitionierten Projekts.

Der Stadtrat von Uffenheim genehmigte schließlich die Einrichtung des Militärmuseums auf dem entsprechenden Gelände. Dort befindet sich das Museum noch heute.

◄ In voller Fahrt lassen sich die Fahrzeuge in Uffenheim einmal im Jahr erleben, was immer wieder Tausende Besucher anlockt.

◄◄ Der Starfighter F-104 ist ein Aushängeschild der Sammlung in Uffenheim, die vor allem durch ihre Vielfältigkeit zu begeistern weiß.

► Neben Uniformen finden sich auch eine ganze Reihe von verschiedenen Maschinengewehreren, Karabinern und Pistolen in der Sammlung.

Das Besondere hier: Das Museum zeigt nicht nur die vereinseigenen Exponate, sondern auch Leihgaben aus anderen Museen und aus privaten Sammlungen.

Von außen wirkt das Museum sehr unscheinbar, das Navigationsgerät leistet deshalb wertvolle Hilfe. Doch sobald das ikonische Wahrzeichen des Museums – der Starfighter F-104 G auf dem Hof – in Sicht kommt, hat der Besucher Gewissheit, dass der Weg korrekt war und das Ziel erreicht ist. Und was in den kundigen Besucher in Uffenheim erwartet, ist tatsächlich beachtlich.

Das Highlight sind die historischen Fahrzeuge aus den Beständen der Bundeswehr, der US Army und nicht zuletzt der NVA. Ein großer Teil ist zudem fahrbereit und kann beim jährlich stattfindenden „Museumsfest" in Bewegung bestaunt werden.

Bei dieser Veranstaltung kommen dann auch das Gros der rund 4000 jährlichen Besucher zusammen – wer will sich schon dieses Spektakel entgehen lassen? Neben den normalen Fahrten wird auch gezeigt und erklärt, wofür die verschiedenen Panzer eingesetzt wurden.

Ansonsten sind die Fahrzeuge in den Hallen alle frei zugänglich, so dass sie sich nicht nur mit den Augen, sondern auch mit den Händen bestaunen lassen.

Museum für Zivil- und Wehrtechnik Uffenheim	
Adresse: Wiesenstraße 20, D-97215 Uffenheim	**Tel.:** +171 / 8 37 52 36
Internet: www.zivilundwehrtechnik.de	**Behindertengerecht:** nein
Email: info@zivilundwehrtechnik.de	**Restaurant:** nein
Öffnungszeiten: An diversen Sonntagen während des laufenden Jahres. Siehe Internetseite. Nach Absprache sind auch Besichtigungen außerhalb der offiziellen Öffnungstage möglich.	**Preis:** 7 €, Jugendliche ab 12 Jahre 6 €, bis 12 Jahre frei. **Fläche:** 1300 m²

Allein aus den Beständen der NVA finden sich ein MT-LB (Schwimmfähiges Mehrzweckzug- und Transportmittel), ein Schützenpanzer OT-90, ein Flugabwehrraketenpanzer 2P25 oder ein SPW-40P2 (Fahrzeug zur chemischen Aufklärung) in der Sammlung – eine solche Vielfalt können nicht viele Museen vorweisen.

Das Highlight innerhalb der Schau dürften aber zweifellos zwei Raubkatzen sein: Ein Gepard und ein Leopard 1 aus Beständen der Bundeswehr.

Beide Typen haben durch den Krieg in der Ukraine wieder an Aktualität gewonnen, sowohl der Flakpanzer „Gepard" als auch der „Leopard 1", der in der Ausführung A5 ebenfalls in Uffenheim steht.

Aber auch aus der Frühzeit der Bundeswehr finden sich hier einige Exponate, wie verschiedene Modelle von Hotchkiss, der bekannte DKW Munga, der Dauerbrenner Unimog oder ein Kanonenjagdpanzer, den man aber zum Beobachtungsfahrzeug umrüstete.

Aber nicht nur Rad- und Kettenfahrzeuge finden sich in den Hallen: Auch Uniformen, Orden, Geschütze und vieles mehr können die kundigen Besucher hier bestaunen. Ein besonderes Schmankerl sind zudem die zahlreichen Beutewaffen der Wehrmacht, die für entsprechend historisch Interessierte allein schon einen Besuch rechtfertigen

Noch ein besonderer Tipp: Schauen Sie sich bei einem Besuch die große Flak an und versuchen Sie, ohne auf das Schild zu schauen, zu erraten, ob es sich um eine deutsche 8,8 cm-Flak handelt oder nicht.

Das Bunkerdiorama nach dem Vorbild des Zweiten Weltkriegs ist zudem sehr gut gelungen. Überall lassen sich Kleinigkeiten entdecken, die man in anderen Museen kaum findet – vielleicht, weil sie anderen Ausstellungsmachern nicht spektakulär genug sind, aber sie sind eben dennoch ein Teil der Geschichte.

▲ Das Museumsfest gehört zu den Highlights des Jahres. Hier kann ein Teil der Fahrzeuge in Aktion erlebt werden, wie dieser Brückenleger.

▲ Kleiner Blick in den Fuhrpark von Uffenheim während des Museumfests des Museums für Zivil- und Miltärtechnik.

Die Ehrenamtlichen in Uffenheim haben über die Jahre eine beeindruckende Sammlung aufgebaut, die gerade dadurch, dass sich dutzende Fahrzeuge hautnah erleben lassen, ein besonderes Flair hat.

Den Besucher erwartet ein kleines, feines und liebevoll eingerichtetes Museum, das viele Stücke hat, die man in dieser Zusammenstellung andernorts nicht so schnell finden wird.

Deswegen bleibt zu hoffen, dass Uffenheim bald mehr ist als „nur" ein Geheimtipp.

► Neben den Fahrzeugen gibt es in Uffenheim noch viel mehr Technik zu entdecken, wie eine ganze Reihe von schweren Geschützen von verschiedenen Nationen und aus unterschiedlichen Epochen.

Interview mit Ernst Scheuerlein

Position: Präsident des Vereins für Zivil- und Wehrtechnik e. V. Uffenheim

Alexander Losert: Was macht für Sie die Faszination von Panzerfahrzeugen aus?

Ernst Scheuerlein: Mich haben schon als kleines Kind Militärfahrzeuge fasziniert. In den 50er- und 60er-Jahre des vergangenen Jahrhunderts war unsere kleine Ortschaft mit ca. 150 Einwohnern mehrmals im Jahr Schauplatz von Manövern der US Armee. Unser Museum hat klein angefangen, um das Jahr 2000 herum mit dem Sammeln von Gegenständen der Kriegsgeneration, da sich die Reihen immer mehr „lichteten". Es war mir ein Anliegen, deren Geschichten der Nachwelt zu erhalten. Und mit der Zeit wurden die Ausstellungsstücke größer, bis 2008 der erste Panzer (ein OT-90) im Museum eingezogen ist.

Alexander Losert: Worin sehen Sie die Aufgabe des Museums?

Ernst Scheuerlein: Im Vordergrund steht der Erhalt und das Bewahren von Exponaten, nicht nur militärischer Art, sondern auch von zivilen Gegenständen, wie alte landwirtschaftliche Geräte oder Werkzeuge. Weiter sind wir die Heimat einer engagierten Schraubertruppe ehemaliger Soldaten, die mit viel Engagement die Panzer am Laufen halten.

Alexander Losert: Was ist das Besondere an diesem Museum?

Ernst Scheuerlein: Dass die meisten Exponate fahrbereit sind – und dass beim jährlichen Museumsfest über zwanzig Rad- und Kettenfahrzeuge in Aktion vorgeführt werden können.

Alexander Losert: Was denken Sie, fasziniert Menschen an diesen Maschinen?

Ernst Scheuerlein: Die meisten Besucher kommen der Panzer wegen. Mich persönlich, als ehemaliger Panzerfahrer, fasziniert die Freiheit der Bewegung im Feld, da einen kein Baum, kein Strauch, kein Graben aufhält. Unsere Besucher der dynamischen Fahrzeugschau freuen sich schon auf Staub, Schlamm und Gebrumm.

Alexander Losert: Wie kann man mit Panzern Menschen die Geschichte näherbringen?

Ernst Scheuerlein: Für uns als Technikmuseum steht zur Zeit die Geschichtsvermittlung nicht im Mittelpunkt. Im Rahmen von Gruppenführungen können wir auf die jeweilige Zielgruppe eingehen und den geschichtlichen Kontext der Exponate erklären. Dabei bietet das direkte Erfahren (Reinsetzen, Anfassen) ein anderes Verständnis für die Objekte und die Geschichte.

Alexander Losert: Panzer werden für den Krieg gebaut. Wie würden Sie die Rolle des Museums in diesem Zusammenhang beschreiben?

Ernst Scheuerlein: Manche Menschen sehen uns mit dem Museum als „Kriegstreiber" an. (Das gilt aber nicht für unsere Besucher). Für uns als

Betreiber des Museums und als ehemalige Soldaten sind die Geräte in erster Linie technische Fahrzeuge. Wenn ich an meine Dienstzeit denke, wurde die meiste Zeit mit technischem Dienst verbracht und der Gedanke, dass das ein Gerät zur Vernichtung letzten Endes nicht nur von Feindpanzern sondern von Menschen ist, war nicht sehr präsent. Zudem war für uns schon zur Gründung des Museums klar, dass eine Bundeswehr zur Verteidigung unerlässlich ist, und dass Panzer hier eine wichtige Rolle spielen. Die „Zeitenwende" 2022 hat dies wieder in den Fokus des öffentlichen Interesses gerückt. Und wir können unseren Besuchern einen anderen Zugang zu dem Geschehen aus den abendlichen Fernsehbildern bieten.

Alexander Losert: Erinnerung? Technikgeschichte? Verstaubte Relikte? Wie würden beschreiben, was die Menschen hier sehen?

Ernst Scheuerlein: Für ehemalige Soldaten der BW wie auch der NVA sind das Erinnerungen. Für mich ist die NVA ein Teil der Geschichte Deutschlands. Jugendliche die „World of Tanks" und ähnliche Spiele am Bildschirm ken-

© Museum Uffenheim

▲ Der Flugabwehrpanzer „Gepard" gehört zu den Schmuckstücken in Uffenheim. Sein Einsatz ist bei der Fertigstellung des Buches aktueller denn je – in der Ukraine.

nen, finden bei uns etwas zu anfassen. Das Nebeneinander von Ost- und West-Wehrtechnik aus dem Kalten Krieg erlaubt auch einen vertieften technischen Vergleich.

Alexander Losert: Welchen Panzer hätten Sie gerne noch in der Sammlung – und warum?

Ernst Scheuerlein: Der Wunsch wäre ein Leo 2. Dies wird aber aus verschiedenen Gründen ein Wunsch bleiben. Mein Ziel ist jedoch die Leo-1-Familie komplett zu haben. Es fehlen immer noch der Biber und der Dachs.

Alexander Losert: Wegen welcher Fahrzeuge kommen die meisten Besucher zu Ihnen ins Museum?

Ernst Scheuerlein: Am meisten interessieren sich die Besucher für die Fahrzeuge, wenn diese auf unserem Freigelände (Militärtag) fahren und hier besonders die Kettenfahrzeuge. Die Vorführung des T-55 Brückenlegers beeindruckt gerade die jüngeren Besucher.

Alexander Losert: Wie setzten sich Ihre Besucher zusammen?

Ernst Scheuerlein: Meistens sind es Familien mit großen oder kleineren Kindern, ebenso die ältere sowie „alte“ Generation. In den letzten Jahren hat auch der Anteil an Jugendlichen und jungen Erwachsenen zugenommen, die als Modellbauer oder aus Computerspielen ein Interesse an Panzern entwickelt haben.

Alexander Losert: Wie viele Besucher strömen jährlich zu Ihnen?

Ernst Scheuerlein: Ca. 3000 bis 4000, wobei die meisten an unserem Militärtag am Samstag und Sonntag kommen, an diesen beiden Tagen zählen wir rund 2500 bis 3500 Gäste.

Alexander Losert: Wie finanzieren Sie das Museum?

Ernst Scheuerlein: Rein privat. Es ist nach wie vor ein Hobby.

Alexander Losert: Was ist Ihr persönliches Lieblingsstück in der Sammlung?

Ernst Scheuerlein: Da ich 1972–73 als Wehrpflichtiger einen Kanonenjagdpanzer gefahren habe, war ich lange auf der Suche nach einem solchen. 2022 waren wir erfolgreich. Und dies ist nun „mein“ Panzer.

Alexander Losert: Welche Sonderveranstaltungen haben Sie über das Jahr verteilt?

Ernst Scheuerlein: Am ersten Juniwochenende findet unser Militärtag statt. Am ersten Oktobersonntag ist letztmalig im Jahr das Museum geöffnet und hier werden von Modellbauern deren „große“ Modelle im Maßstab 1 : 4, 1 : 5 oder 1 : 6 gezeigt und fahren gelassen. Zudem gibt es Sonderführungen für unterschiedlichste Besuchergruppen (Bundeswehr, Vereine, Schulklassen u. v. m.)

Alexander Losert: Auf welchen Ebenen arbeiten Sie mit anderen Museen zusammen?

Ernst Scheuerlein: Meist leisten wir den Kolleginnen und Kollegen technische Unterstützung bei der Instandsetzung.

Deutschland / Sinsheim

Militärisches Kleinod Seite an Seite

Technik Museum Sinsheim

Das Technik Museum Sinsheim ist weit über die deutschen Grenzen hinaus bekannt. Die Sammlung des direkt an der Autobahn A6 gelegenen Museums umfasst nicht nur dutzende sehenswerte militärische Fahrzeuge, sondern auch viele zivile Exponate von Weltrang.

Im Jahr 1981 von 15 Oldtimer-Enthusiasten gegründet, umfasst der Bestand des Museums heute mehr als 3000 Exponate, die sich auf dem Gelände, in mehrere Hallen verteilen

Vor allem die Flugzeuge sind wahre Zuschauermagnete, etwa das legendäre Überschallflugzeug Concorde (für den symbolischen Preis von einem Euro von Air France an das Museum verkauft) oder deren Gegenstück aus der Sowjetunion, die Tupolew Tu-144. Aber auch Europas größte Formel-1-Ausstellung gehört zu den zahlreichen Attraktionen.

Das Museum geht auf eine Idee aus dem Jahr 1980 zurück. Rasch wurde ein Museumverein gegründet und bereits im Jahr 1981 öffnete das Auto & Technikmuseum Sinsheim (so der damalige Name) seine Pforten – es wurde ein voller Erfolg.

An 365 Tagen im Jahr geöffnet, zieht es – gemeinsam mit dem Technik Museum Speyer – jährlich mehr als eine Million technikbegeistere Besucher an. Ein großer Spielplatz, ein umfangreiches gastronomisches Angebot, ein IMAX-Kino, begehbare Exponate und vieles mehr sorgen dafür, dass hier auf seine Kosten kommt.

Der Schwerpunkt der Sammlung lässt sich am ehesten mit „Fahrzeugen aller Art“ beschrieben. Im Grunde findet sich hier alles, was Flügel, Räder, Ketten und Motoren hat.

◀ Blick auf das Gelände des Technikmuseums mit einem Teil des Außenbereichs.

▲ Und ein Blick in das Innere, auf einen Teil der beeindruckenden Militärsammlung.

► Anscheinend in den meisten Museen allgegenwärtig: der Jagdpanzer Hetzer. Wobei man genau hinschauen muss, da es sich auch um ein Schweizer Modell handeln könnte.

Dazu zählen aber auch Fahrräder, zahlreiche Sportwagen – darunter auch eine exquisite Ferrari-Sammlung, Lokomotiven wie das legendäre schweizerische „Krokodil" und Flugzeuge verschiedener Epochen.

Weniger bekannt ist dagegen, dass das Museum auch eine exzellente Ausstellung an Militärfahrzeugen aus vielen Jahrzehnten mit dem Schwerpunkt des Zweiten Weltkrieges hat.

Neben den Panzerfahrzeugen sieht man dort auch Fluggeräte wie einen mittleren Bomber Heinkel He 111, eine „Tante Ju" Junkers Ju 52 oder eine unrestaurierte Junkers Ju 87 „Stuka" im Fundzustand.

Dazu gesellen sich Geschütze, Uniformen, Panzer- und Kübelwagen und jede Menge andere Hinterlassenschaften aus dem Zweiten Weltkrieg und des Kalten Kriegs.

Ein Teil der Fahrzeuge steht im Außenbereich, das Gros jedoch im Inneren häufig als Teil eindrucksvoller Großdioramen.

Außergewöhnlich ist, dass militärische und zivile Exponate oft Seite an Seite, und nicht in getrennten Bereichen stehen. Das hat seinen Grund: Die Ausstellungsmacher betrachten den Krieg mitunter als Schrittmacher für neue Entwicklungen. Fortschritte werden in Konfliktsituationen oft in kürzeren Abständen erreicht, als es unter friedlichen Verhältnisse möglich wäre.

Technik Museum Sinsheim

Adresse: Museumsplatz, D-74889 Sinsheim	**Telefon:** 07261 9299-0
Internet: www.sinsheim.technik-museum.de	**Behindertengerecht:** ja
Email: info@technik-museum.de	**Restaurant/Café:** ja
Öffnungszeiten: Täglich geöffnet von 9 – 18 Uhr. An Samstagen, Sonntagen sowie an Feiertagen von 9 – 19 Uhr.	**Hallenfläche:** ca. 200 000 m^2 (Sinsheim + Speyer)
	Preis: Erwachsene: € 23,–, Kinder bis 4 Jahre: Gratis, Kinder 5 bis 14 Jahre: € 18,-.

Hier liefert der Zweite Weltkrieg gleich mehrere Beispiele: Sei es die Einführung neuartiger Düsenjäger wie der Messerschmitt Me 262, oder der Durchbruch der Radar- sowie der Raketentechnik. Alle diese Beispiele zeigen: Wenn es um Technikgeschichte geht, kann man das Militär nicht ausklammern.

Fünf Highlights

1. **An erster Stelle steht für mich der sich „bewegende Panther". Dabei handelt es sich um eine beeindruckende Installation, die sich auf Knopfdruck in Gang setzt. Die pure Kraft dieser „Katze" beeindruckt noch immer.**
2. **Der Flakpanzer „Möbelwagen" folgt an zweiter Stelle. Es war einer der Versuche, sich gegen Tiefflieger effektiv wehren zu können. Das Exponat in Sinsheim trägt allerdings eine falsche Waffe.**
3. **Die Sturmhaubitze 42, die als Ersatz für das StuG III zur Truppe kam und von dem es auch wieder nur noch wenige Exemplare gibt.**
4. **Die Selbstfahrlafette „Hummel" – eine der letzten schweren motorisierten Haubitzen, die die Wehrmacht noch in Dienst stellte**
5. **Der Walker Bulldog Spähpanzer M41 – auch die Bundeswehr und 20 andere Staaten waren mit diesem nach dem Ende des Zweiten Weltkrieges entwickelten Panzer ausgerüstet. Sein Fahrgestell diente als Basis für andere Aufbauten – ein Dauerbrenner, der lange im Dienst blieb.**

Abgerundet wird die Sammlung durch eine Vielzahl weiterer Modelle, Uniformen, Dokumente und anderer Dinge des täglichen Lebens, die den entbehrungsreichen All-

▲ Die „Arbeitspferde" der Roten Armee und der US Army nebeneinander in Sinsheim: der T-34 und der Sherman.

▲ Der M41 Walker Bulldog-Panzer gehört natürlich auch zur Sammlung in Sinsheim, die es so auf der Welt wohl nicht noch einmal gibt.

tag des einfachen Soldaten auch heute noch fühlbar werden lassen. Vor allem die Großdioramen mit den Schaufensterpuppen zeigen partiell, wie diese Dinge eingesetzt worden sind.

Getragen und finanziert wird das Museum durch den gemeinnützigen Verein „Auto + Technik Museum Sinsheim e. V.". Die Einnahmen für den Unterhalt generieren sich so aus Mitgliedsbeiträgen, Spenden und Eintrittsgeldern. Ein nicht zu unterschätzender wirtschaftlicher Faktor sind zudem die speziellen Events, die über das Jahr verteilt immer wieder stattfinden.

Eng verbunden ist das Museum mit dem Technik Museum Speyer, das nur rund 30 Autominuten entfernt liegt. Hier findet sich auch eine Marineausstellung, die beispielsweise das legendäre U-Boot U-9 beinhaltet. Sinsheim darf sich im Gegenzug bald über den Neuzugang der 1973 gebauten U-17 freuen.

Das Technik Museum Sinsheim ist – gemeinsam mit dem Technik Museum Speyer – ein absolutes Muss für jeden, der sich für Militär- und Technikgeschichte interessiert

Wer alle Exponate in Ruhe betrachten möchte, sollte aber eine Übernachtung vor Ort einplanen. Das Museum bietet entsprechende Kombipakete an.

Interview mit Alla Schneider

Position: Marketing

Alexander Losert: Weshalb zeigen Sie Panzer in Ihrem Museum?

Alla Schneider: Die Technik Museen Sinsheim Speyer widmen sich der Technikgeschichte von Unterwasser bis ins Weltall. In beiden Einrichtungen entdecken die Besucher neben U-Booten einen Raumgleiter, neben Oldtimern eine Concorde und neben mechanischen Musikinstrumenten auch Panzer.

Alexander Losert: Worin sehen Sie die Aufgabe des Museums?

Alla Schneider: Beide Museen (Sinsheim und Speyer) werden vom gemeinnützigen Förderverein Auto+Technik Museum Sinsheim e. V. getragen. Ziel des Vereins ist es, die technischen Kulturgüter der Nachwelt zu erhalten und das Interesse an technischen Entwicklungen zu fördern. Bei einem Treffen begeisterter Oldtimer-Liebhaber wurde die Idee geboren, die oft in jahrelanger Kleinarbeit restaurierten Schmuckstücke nicht länger in der heimischen Garage zu verwahren, sondern einem breiten Publikum zugänglich zu machen. Jeder kann im Museumsverein Mitglied werden, der sich für Technik interessiert und Freude an dem hat, was wir tun. Auch Firmen und Institutionen sind herzlich willkommen. Mit einer Mitgliedschaft hilft man uns, die Museen in der Zukunft weiterhin attraktiv zu gestalten.

Alexander Losert: Was ist das Besondere an den Museen Sinsheim und Speyer?

Alla Schneider: Vom gemeinnützigen Förderverein getragen und ganz nach dem Motto „Für Fans von Fans" gehören den Technik Museen Sinsheim Speyer weltweit rund 5000 Mitglieder an. Die Finanzierung erfolgt ausschließlich durch die Eintrittsgelder, Spenden sowie Mitgliedsbeiträge der

◄ Auch riesige Exponate, wie diese „Kriegslok der Baureihe 52", finden sich in Sinsheim. Eine Besonderheit ist der zusätzlich mit einer Kabine versehene Wannentender.

▲Eine seltene Sturmhaubitze 42 (kurz StuH 42 genannt), befindet sich ebenfalls in Sinsheim. Bis Kriegsende entstanden mehr als 1300 von diesen Fahrzeugen.

faszinierende Sammlung, die Technik- und Fahrzeugliebhaber gleichermaßen begeistert.

Alexander Losert: Wie setzten sich Ihre Besucher zusammen?

Alla Schneider: Die Klientel der Besucher in den Technik Museen Sinsheim und Speyer ist vielfältig und setzt sich in Bezug auf Alter und Geschlecht wie folgt zusammen:

- Familien mit Kindern: Ein großer Anteil der Besucher sind Familien, die die Museen als Ausflugsziel nutzen. Die kinderfreundlichen Bereiche sprechen besonders die jüngeren Besucher an.
- Schulklassen und Bildungsgruppen: Viele Schulklassen besuchen die Museen im Rahmen von Exkursionen. Die Ausstellungen bieten lehrreiche Inhalte, die das Interesse von Schülern unterschiedlichen Alters wecken.
- Erwachsene und Technikbegeisterte: Erwachsene, insbesondere Technik- und Geschichteninteressierte, bilden einen wesentlichen Teil der Besucher. Sie kommen oft wegen der spezialisierten Ausstellungen und der einzigartigen Exponate.
- Senioren: Ältere Besucher, oft als Teil von Reisegruppen, sind ebenfalls zahlreich vertreten. Sie schätzen die historischen Fahrzeuge und die Erinnerung an vergangene Zeiten.
- Geschlecht: Sowohl Männer als auch Frauen besuchen die Museen gleich stark, oft in Familien- oder Freundesgruppen. Technikgeschichte interessiert und fasziniert beide Geschlechter.

Die Technik Museen Sinsheim und Speyer ziehen ein breites Spektrum an

Besuchern an, da sie eine große Vielfalt an Exponaten bieten, die Menschen aller Altersgruppen und Interessen ansprechen.

Alexander Losert: Wie viele Besucher strömen jährlich zu Ihnen?

Alla Schneider: Beide Museen begrüßen zusammen rund eine Million Besucher im Jahr.

Alexander Losert: Was ist Ihr persönliches Lieblingsstück in der Sammlung?

Alla Schneider: Definitiv der Brutus. Beim Experimentalfahrzeug bildet ein Fahrgestell mit Kettenantrieb von 1907 die Grundlage. Auf dieses wurde ein 12-Zylinder-Flugmotor von BMW mit einem Hubraum von knapp 47 Litern montiert. Den Hubraumgiganten gibt es ebenfalls beim BRAZZELTAG® im Mai zu erleben.

Alexander Losert: Was sind die fünf Highlights in Ihrem Museum?

Alla Schneider:

1. **Die begehbaren Überschallpassagierjets: Concorde und Tupolev Tu-144**
2. **Die Boeing 747 – hier kann man auf der Tragfläche laufen**
3. **Der Sowjetische Raumgleiter Buran inmitten Europas größter Ausstellung zur bemannten Raumfahrt**
4. **Die Formel-1 Ausstellung sucht in Europa seinesgleichen**
5. **Zwei tonnenschwere U-Boote: Das begehbare U-Boot U9 und U17 (begehbar ab Sommer 2025)**

Alexander Losert: Welche Sonderveranstaltungen haben Sie über das Jahr verteilt?

Alla Schneider: Die Technik Museen Sinsheim Speyer vervollständigen ihr Ausstellungsangebot um regelmäßig wechselnde Sonderausstellungen. Von Ostern bis Oktober finden action- und abwechslungsreiche Veranstaltungen in den Museen statt. Unter anderem feiert das US-Car Treffen die amerikanische Automobilkultur. Hier werden beeindruckende US-Cars, Hot Rods und Custom Cars ausgestellt. Der BRAZZELTAG®, ein motorisiertes Technik-Festival, bei dem außergewöhnliche und seltene Fahrzeuge präsentiert werden. Besucher können historische Rennwagen, Motorräder und Flugzeuge in Aktion erleben. Das Science Fiction Treffen lockt in einem atemberaubenden Ambiente tausende Cosplay-Fans ins Museum.

▲ Eine der Hauptattraktionen: der „Moving-Panther". Hier kann man sehen, wie ein solches Ungetüm sich bewegt.

Deutschland / Seifertshofen (Eschach)

Wenn aus Leidenschaft ein Museum wird

Bauern- und Technikmuseum Seifertshofen, Museum Kiemele

▲ Blick von oben auf einen Teil des Geländes, auf dem die Sammlung Kiemele steht, die über die Grenzen des Ortes bekannt ist.

Das Museum Kiemele in Seifertshofen (Eschach) ist ein kulturelles Juwel, das tief in der Geschichte und Tradition der Region verwurzelt ist. Seifertshofen verfügt mit diesem Museum über einen wichtigen Anziehungspunkt für Geschichtsinteressierte und Touristen gleichermaßen.

Das Museum wurde im Jahr 1984 gegründet und geht auf die Initiative von Eugen Kiemele zurück, einem leidenschaftlichen Sammler und Bewahrer regionaler Geschichte.

Kiemele, der selbst in Seifertshofen geboren und aufgewachsen ist, begann bereits in jungen Jahren, historische Artefakte und Dokumente zu sammeln, die das Leben und die Kultur seiner Heimat widerspiegeln. Seine Sammlung wuchs im Laufe der Jahre stetig an, und als sie eine beeindruckende Größe erreichte, entschloss er sich, diese der Öffentlichkeit zugänglich zu machen. Dies führte zur Grundung des Museums, das heute seinen Namen trägt.

Das Museum befindet sich in einem historischen Gebäude, das sorgfältig restauriert wurde, um den Charme und die Architektur des 18. Jahrhunderts zu bewahren. Die Innenräume des Museums sind thematisch gestaltet und bieten eine Vielzahl von Ausstellungen, die verschiedene Aspekte der lokalen Geschichte beleuchten.

Eine der Hauptattraktionen des Museums Kiemele sind die umfangreichen Dauerausstellungen. Diese umfassen eine Vielzahl von Themenbereichen, darunter: das bäuerliche Leben in Seifertshofen und Umgebung im 19. und frühen 20. Jahrhundert. Ein weiterer Schwerpunkt liegt auf den traditionellen Handwerken und Gewerben der Region. Hier werden Exponate aus verschiedenen Handwerksberufen wie Schmiede-

◄ Natürlich finden sich auch Panzer und gepanzerte Fahrzeuge in der beeindruckenden Sammlung Kiemele.

▲ Auch aus alten NATO-Beständen oder besser gesagt von NATO-Staaten finden sich Panzer in der Sammlung in Seifertshofen.

kunst, Tischlerei und Weberei präsentiert. Abschließend sei noch die Ausstellung zur Geschichte der Region erwähnt: Diese bietet einen umfassenden Überblick über die historische Entwicklung Seifertshofens von den frühesten Besiedlungen bis zur Gegenwart.

Einen besonderen Anziehungspunkt innerhalb der Sammlung bilden die zahlreichen Fahrzeuge militärischen Ursprungs, darunter auch zahlreiche Panzer. Neben den beschriebenen Dauerausstellungen organisiert das Museum Kiemele jährlich Anfang

Schwäbisches Bauern- und Technikmuseum Seifertshofen Hans Kiemele

Adresse: Marktstraße 5, D-73569 Eschach-Seifertshofen

Internet: https://museum-kiemele.de/

Email: museumseifertshofen@gmail.com

Telefon: 01522/5869659

Öffnungszeiten: Museum Samstag, Sonntag und Feiertags von 11 - 17 Uhr. Hallenverkauf Samstags von 9 - 13 Uhr.

Preise: Erwachsene 8 €. Kinder ab 5 Jahre 6 €. Familien (bis zu 2 Erwachsene mit zur Familie gehörenden Kindern bis 15 Jahre) 30 €. Ermäßigungen nur mit gültigem Ausweis. Kinder und Jugendliche (von 6 - 15 Jahre), Schüler, Auszubildende, Studenten 6 €. Senioren (ab 65 Jahren oder bei Vorlage des Rentenausweises). Schwerbehinderte (eingetragene Begleitperson frei). Teilnehmer Freiwilligendienste (BFD, FWD, FSJ) 6 €. Erwachsene in Gruppen ab 20 Personen (pro Person) 6 €.

September das „Lanz Dampf Festival". Dieses bietet eine willkommene Abwechslung und zieht immer wieder neue Besucher an.

Das Museum Kiemele wird von einem engagierten Team geleitet. Eugen Kiemele selbst ist noch immer aktiv an der Gestaltung und Weiterentwicklung des Museums beteiligt. Sein tiefes Wissen und seine Leidenschaft für die Geschichte der Region sind eine unerschöpfliche Quelle der Inspiration für das gesamte Team.

Ein weiteres Ziel ist es, die Zusammenarbeit mit anderen Museen und kulturellen Institutionen zu intensivieren. Durch den Austausch von Ausstellungen und die gemeinsame Durchführung von Projekten soll das kulturelle Netzwerk in der Region gestärkt werden.

Das Museum Kiemele in Seifertshofen ist mehr als nur ein Ort der Vergangenheit. Es ist ein lebendiges Zentrum der Kultur und Bildung, das die Geschichte und Traditionen der Region bewahrt und zugleich neue Wege der Vermittlung und des Lernens beschreitet. Mit seinem breiten Angebot an Ausstellungen und Veranstaltungen leistet das Museum einen wertvollen Beitrag zum kulturellen Leben in Seifertshofen und darüber hinaus. Besucher jeden Alters sind eingeladen, in die reiche Geschichte der Region einzutauchen und die vielfältigen Facetten des Lebens in vergangenen Zeiten zu entdecken.

▶ Auch Flugzeuge, Straßenbahnen und andere Fahrzeuge finden sich in der Sammlung. Die Kiemele …

◀ … vor vielen Jahren angefangen hat aufzubauen. Eine beachtliche Leistung.

Teil 2
Europa

Großbritannien/Bovington

Das Woodstock für Panzerfreunde

The Tank Museum Bovington

Meist genügen bereits neun Buchstaben, um jeden Panzerfreund in Entzücken zu versetzen: Bovington. Das legendäre Museum in Großbritannien beherbergt die weltweit größte Panzersammlung. Zwar gibt es mit Saumur in Frankreich oder dem Musée des Blindés noch Institutionen, die eine größere Anzahl an Fahrzeugen beherbergen, aber alle diese Einrichtungen haben insgesamt weniger Panzer in ihrer Ausstellung. Bovington dagegen kann auf über 300 Panzer aus mehr als 26 Ländern verweisen – und rechnet man noch die anderen Fahrzeuge hinzu, so verfügt die Einrichtung sogar über die drittgrößte Sammlung an gepanzerten Fahrzeugen weltweit.

Ein Besuch in der Grafschaft Dorset ist in jedem Fall immer eine Reise wert. Dabei spielt es keine Rolle, ob man zu den regulären Öffnungszeiten erscheint oder eines der zahlreichen Events besucht.

Dafür muss der interessierte Besucher jedoch eine lange Anfahrt in Kauf nahmen. Die meisten werden sich wohl für einen Flug nach London entscheiden, von dort aus sind es mit dem Leihwagen noch rund drei Stunden (je nach Verkehr), bis man die heiligen Hallen erreicht. Bei sorgfältiger Planung kann man das Museum von London aus aber auch mit öffentlichen Verkehrsmitteln in guten drei Stunden erreichen. In den Sommermonaten von Mai bis September verkehrt der Bus X50 vom Bahnhof Wareham direkt bis zur Haltestelle Tank Museum.

Der, man muss es so sagen, etwas abgelegene Standort dieser einzigartigen Sammlung hat historische Gründe. Bovington beherbergte während des Ersten Weltkriegs das Panzer-Trainingszentrum der britischen Armee. Auch nach Kriegsende lagerten hier noch einige teils beschädigte „Tanks“ zu Ausbildungszwecken. Kein geringerer als der britische Schriftsteller Rudyard Kipling („Das Dschungelbuch“) regte die Gründung dieses Museums an, nachdem er Bovington im Jahr 1923 besucht hatte.

◀ Ein Sherman beim Tankfest in der Arena dreht seine Runden.

▲ Das Hauptgebäude des Tankmuseums Bovington – ein Erlebnis ist der Besuch immer. Nur man sollte Zeit mitbringen.

► Little Willie auf einem sich drehenden Display – einer der ersten Panzer der Militärgeschichte.

Das Royal Tank Regiment nahm diese Idee auf – so dass Bovington im Jahr 2023 bereits seinen 100. Geburtstag feiern konnte – auch wenn das bei genauem Blick nicht ganz stimmte: Denn als Museum öffnete Bovington erst im Jahr 1947, seine Pforten und machte die Sammlung, die durch den Zweiten Weltkrieg immens gewachsen war, der Öffentlichkeit zugänglich.

Heute beherbergen die heiligen Hallen des Museums zahlreiche Exponate, von denen einige einzigartig auf der Welt sind. Bekanntester Panzer der Sammlung dürfte dabei ohne Zweifel der „Tiger 131“ sein, der einzige fahrbereite, originale Tiger I auf der Welt. Nicht minder spektakulär sind Exponate wie der legendäre „Little Willie“ von 1915, der Ur-Ahn aller modernen Panzer. Anhand solch außergewöhnlicher Ausstellungsstücke lässt sich die Entwicklung des Panzers in Bovington beispielhaft nachvollziehen.

Die Dauerausstellung beginnt mit dem Ersten Weltkrieg und der Entwicklung der britischen Panzerwaffe. So stehen hier die verschiedenen Versionen der Mark-Panzer, wie man sie aus zahlreichen Dokumentationen kennt. Auch die separaten Sonder-Ausstellungen sollte man sich zu Gemüte führen. Beispielhaft sei hier die „Trench Experience“ (dt: Schützengrabenerfahrung) erwähnte. Sie lässt den Besucher in die Welt der Schützengräben des Ersten Weltkrieges eintauchen. Und das sei gesagt … es wirkt sehr realistisch.

The Tank Museum Bovington

Adresse: Bovington, Dorset, BH20 6JG, UK
Internet: www.tankmuseum.org
Email Besucher: visit@tankmuseum.org
Email Collection: archive@tankmuseum.org
Email Business: office@tankmuseum.org

Tel. Besucher: +44 (0) 1929 405096
Tel. Business: +44 (0) 1929 408951
Öffnungszeiten: Montag bis Sonntag 10 – 17 Uhr.

Preis: Erwachsene (16+) online 19.35 £, Kasse 21.50 £; Kinder (4 – 15 Jahre) online 10.49 £, Kasse 11.65 £; Familie (2 Erw./2 Kinder) online 49.05 £, Kasse 54.50 £; Familie (2 Erw./1 Kind) online 39.92 £, Kasse 44.35 £; Familie (1 Erw./2 Kinder) online 33.53 £, Kasse 37.25 £; Kinder unter 4 Jahre frei.

Den größten Teil des Museums nehmen die Panzer aus der Zeit des Zweiten Weltkriegs ein. Hier ist alles vertreten, was damals Rang und Namen hatte, inklusive zahlreicher deutschen Beute-Panzer – die man nach Bovington geschafft hatte, um sie dort zu untersuchen. Darunter finden sich solch rare Fahrzeuge wie der Mittlere Ladungsträger (Sd.Kfz. 304) „Springer" oder der Panzerkampfwagen II, Ausführung L „Luchs".

Aber auch anderen Nationen sind prominent vertreten: So versteckt sich neben zahlreichen britischen und amerikanischen Panzern auch ein japanischer Tyo 95 „Ha-Go" in den Hallen. Weiters finden sich einige italienische Panzer in der Sammlung, ebenso wie einige Modelle, die es nicht über den Prototypenstatus hinaus schafften.

Doch die Macher beschränken sich keineswegs auf die Zeit bis 1945, die Ausstellung geht nahtlos bis in unsere Zeit weiter, es finden sich ebenso viele sowjetische Muster wie auch ein deutscher Leopard oder auch ein moderner Challenger 2.

Man sollte in jedem Falle zwei Tage für den Besuch einplanen, wenn man alles genau sehen und erkunden will. Ich selbst war mehrere Male dort zu Besuch und habe immer wieder etwas Neues entdeckt.

Was die Veranstaltungen angeht, so dürften zwei dort ganz besonders herausstechen: das „Tankfest" und der „Tiger Day".

Das jährlich Ende Juni stattfindende „Tankfest" ist ein großes Event, das auch einen nicht unwesentlichen Teil der Jahreseinnahmen finanziert. Auf dem Gelände fahren dann an zwei Tagen viele Panzer aus unterschiedlichen Epochen durch die Arena, inklusive Erklärungen und einer spektakulären Show drumherum. Garniert wird das alles mit einem Reenactment-Event, einem Markt und zahlreichen weiteren Attraktionen.

▲ Ein Mark-Panzer überrollt einen Pferdekarren – Sinnbild für die Wachablösung im Ersten Weltkrieg und die Technisierung des Militärs.

▲ Ein „Springer“ – dabei handelt es sich um einen Ladungsträger, der von einem Soldaten an das Ziel herangesteuert werden musste und der dann explodierte.

Während des „Tiger Day“ (zweimal jährlich im April und September) sieht man den Tiger 131 in Aktion. Auch dieses Event lockt immer wieder Tausende Besucher nach Bovington, um den Tiger, der 1943 in Nordafrika in britische Hände fiel, live zu sehen – schließlich ist dies das aktuell einzige betriebsfähige Exemplar dieser Art.

Überdies gibt es auch immer wieder zeitlich begrenzte Sonderschauen, die für Abwechslung sorgen. Eines der Highlights der letzten Jahre war ohne Zweifel die „Tiger-Collection“. Hier stellte man alle „Tiger-Modelle“ in einem separaten Raum zusammen, führte Interviews mit Veteranen und schaffte eigens einen „Elefanten“ (besser bekannt als Panzerjäger Tiger (P) „Ferdinand“) aus den USA nach England.

Generell legt man in Bovington verstärkten Wert auf eine moderne Inszenierung der Exponate. Dabei wird, auch mit Hilfe neuer Medien, eindrucksvoll versucht, die historischen Ausstellungsstücke in den großen historischen Kontext einzubetten – für die Besucher ist diese spektakuläre Schau allemal ein Erlebnis.

Tipp: Im Umland gibt es kleine, preiswerte Pensionen für einen Aufenthalt.

Meine persönlichen fünf Highlights hier sind:

1. **Der Tiger 131 – einfach weil es ein einzigartiges Stück bewegter Geschichte ist**
2. **Der Ha-Go – die japanischen Panzer werden immer verspottet, doch technisch sind sie sehr interessant**
3. **Churchill Crocodile – der britische Flammpanzer aus dem Zweiten Weltkrieg**
4. **Der Challenger 2 – der schwerste Kampfpanzer der Welt mit einem gezogenen Kanonenrohr**
5. **Der Little Willie – einer der Anfänge der modernen Panzer**

Interview mit David Willey

Position: Kurator

Alexander Losert: Was macht für Sie die Faszination von Panzerfahrzeugen aus?

David Willey: Das Panzermuseum ist die Heimat des Panzers und es war das erste Museum, das sich diesem Thema widmete.

Alexander Losert: Worin sehen Sie die Aufgabe des Museums?

David Willey: Darin, die Geschichte der Panzer zu erzählen – und die Geschichte derjenigen die in ihnen und mit ihnen gekämpft haben.

Alexander Losert: Was ist das Besondere an diesem Museum?

David Willey: Das Tank Museum erzählt die Geschichte vom ersten Panzer überhaupt – Little Willie – bis zu den heute im Einsatz befindlichen Panzern. Es verfügt über eine internationale Sammlung und wird von einem hervorragenden Archiv und einer Bibliothek unterstützt.

Wir sind auch das Museum des Royal Armored Corps (RAC) und des Royal Tank Regiment. Wir erzählen stolz die Geschichten britischer Soldaten, die in gepanzerten Kampffahrzeugen gedient haben. Das Museum ist ein Ort der Erinnerung und des Gedenkens, an dem Besucher eingeladen werden, sich an die Opfer zu erinnern, die eine unvermeidliche Folge von Konflikten sind.

Alexander Losert: Was denken Sie, fasziniert Menschen an diesen Maschinen und Ihrer Inszenierung?

David Willey: Wir zeigen ein Thema, mit dem nur wenige Menschen unmittelbare Erfahrung haben, auf eine Weise, die Menschen verstehen und mit der sie sich identifizieren können – menschliche Geschichten über die Besatzungen sowie die technischen Aspekte von Panzern.

Alexander Losert: Wie kann man mit Panzern Menschen die Geschichte näherbringen?

◄ Ein japanischer Panzer vom Typ Ha-Go befindet sich ebenfalls in der Sammlung von Bovington.

▲ Deutsche Fahrzeuge in Aktion bei den alljährlichen Militracks. Ganz vorne sieht man ein StuG.

David Willey: Wir erzählen die Geschichte des Panzers in den letzten 100 Jahren und das spiegelt unweigerlich die Geschichte der Konflikte in diesem Zeitraum wider. Wir erzählen die Geschichte durch zehn eindrucksvolle, interaktive Ausstellungen und die vielen Sonderveranstaltungen.

Alexander Losert: Panzer werden für den Krieg gebaut. Was sehen die Besucher davon in Ihrem Museum?

David Willey: Sie sehen den Einfallsreichtum der Ingenieure, um das Leben von Soldaten zu retten.

Alexander Losert: Welchen Panzer hätten Sie gerne noch in der Sammlung – und warum?

David Willey: Unsere Sammlung wächst beständig weiter, sehr gerne möchten wir neuere Entwicklungen wie den israelischen Merkava, den französischen LeClerc oder den Abrams zeigen.

Alexander Losert: Wegen welcher Fahrzeuge kommen die meisten Besucher zu Ihnen ins Museum?

David Willey: Die Besucher kommen eher wegen der Inszenierung unserer Ausstellung und der Größe unserer Sammlung.

Alexander Losert: Wie setzten sich Ihre Besucher zusammen?

David Willey: Zwei Drittel unserer Besucher sind männlich, außerdem kommen viele junge Familien zu uns.

Alexander Losert: Wie viele Besucher strömen jährlich zu Ihnen?

David Willey: Ca. 250 000.

Alexander Losert: Wie finanzieren Sie das Museum?

Willey: Als gemeinnützige Organisation werden alle Einnahmen des Panzermuseums reinvestiert, um unsere Bemühungen fortzusetzen, unsere einzigartigen Sammlungen jetzt und für kommende Generationen zu bewahren und weiter auszubauen. Hierzu zählen Spenden, Legate, Eintrittskarten, YouTube- und Online-Shop-Käufe.

Alexander Losert: Was ist Ihr persönliches Lieblingsstück in der Sammlung?

David Willey: Ein Ring, verziert mit dem Glassplitter eines Panzer-Visiers. Sie können diese Geschichte nachlesen unter: **https://tankmuseum.org/article/henriques-ring**

Alexander Losert: Was sind für Sie die fünf Highlights in Ihrem Museum?

David Willey: Unsere engagierten Mitarbeiter, das Trench-System, die Vielfalt an Geschichten über Veteranen, die Sie fesseln, die Größe der Fahrzeugsammlung und ein toller Shop.

Alexander Losert: Welche Sonderveranstaltungen haben Sie über das Jahr verteilt?

David Willey: Wir veranstalten zweimal jährlichen unsere „Tiger Days“, bei denen der einzige laufende Tiger 131 der Welt vorgestellt wird, sowie unsere Leuchtturm-Spendenveranstaltung, das „Tankfest“. Drei Tage Panzer-Action, tolle Gastredner und Reenactment sowie viele andere Veranstaltungen. Alle Infos dazu finden Sie unter:
https://tankmuseum.org/events/tiger-day-spring
https://tankmuseum.org/events/tankfest

Alexander Losert: Auf welchen Ebenen arbeiten Sie mit anderen Museen zusammen?

David Willey: Das Tank Museum verleiht Fahrzeuge an andere Museen, um die Geschichte der Panzer und ihrer Besatzungen weiter zu erzählen. Sechs unserer Panzer befinden sich derzeit in anderen Sammlungen in Europa.

◄ Das Glanzstück der Sammlung – der Tiger 131, der aktuell einzig fahrbereite original Tiger I auf der Welt.

Vive la France

Museum der Panzerfahrzeuge Saumur

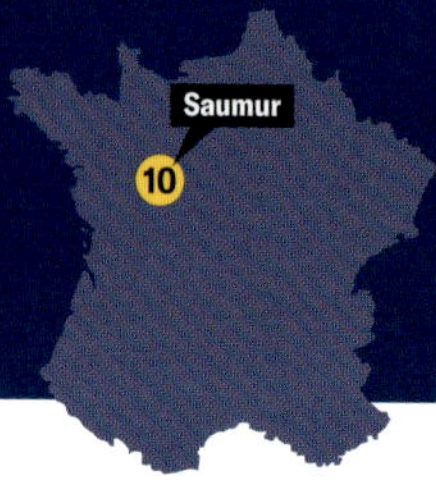

Das Panzermuseum in Saumur, offiziell als „Musée des Blindés" bekannt, befindet sich in der malerischen Stadt Saumur im Loire-Tal in Frankreich. Dieses Museum ist eines der größten und bedeutendsten seiner Art weltweit und zieht jährlich zahlreiche Besucher an, die sich für Militärgeschichte und gepanzerte Fahrzeuge interessieren. Das Musée des Blindés wurde 1977 gegründet und ist ein Teil der französischen Militärakademie von Saumur. Die Stadt Saumur selbst hat eine lange militärische Tradition, insbesondere durch ihre Kavallerieschule, die bis ins 18. Jahrhundert zurückreicht. Die Sammlung des Museums begann mit der Zusammenführung von Fahrzeugen und Ausrüstungen, die im Laufe der Jahre von der französischen Armee gesammelt wurden, insbesondere nach dem Zweiten Weltkrieg.

Die Sammlung des Museums ist beeindruckend und umfasst über 800 Fahrzeuge aus verschiedenen Epochen, von den frühen Entwicklungen im Ersten Weltkrieg bis hin zu modernen Panzern. Etwa 200 dieser Fahrzeuge sind in den Ausstellungshallen des Museums permanent zu sehen, während der Rest in einem Depot untergebracht ist, das bei speziellen Anlässen zugänglich gemacht wird.

Meine fünf Highlights der Sammlung:

1. Der Renault FT: Der Renault FT ist einer der ersten „echten" Panzer der Geschichte und wurde während des Ersten Weltkriegs eingesetzt. Er ist bekannt für sein revolutionäres Design mit einem drehbaren Turm, womit er die Basis für die meisten zukünftigen Panzer bildete. Das Museum besitzt mehrere Exemplare dieses ikonischen Fahrzeugs.
2. Der Tiger I und Tiger II: Diese deutschen Panzer aus dem Zweiten Weltkrieg sind besonders berüchtigt und bei Enthusiasten beliebt. Der Tiger I war für seine Feu-

◄ Seltenes Fahrzeug der Wehrmacht: Russische Pak auf deutschem Fahrgestell als Panzerjäger.

▲ Der Eingangsbereich in eine der besten Panzersammlungen der Welt. Der Besuch lohnt sich.

▲ Deutscher Jagdpanther neben einem Bergepanzer. Vor allem die Hinterlassenschaften der Wehrmacht ziehen jedes Jahr viele Besucher an.

erkraft und Panzerung bekannt, während der Tiger II, auch Königstiger genannt, eine noch schwerere Version darstellte. Beide Modelle sind im Museum zu besichtigen und bieten einen beeindruckenden Einblick in die Ingenieurskunst ihrer Zeit. Der Tiger II ist dabei sogar fahrfähig und auch schon in anderen Museen zu sehen gewesen, wie etwa in Overloon.

3. Der **Sherman M4**: Der amerikanische Sherman-Panzer war ein Arbeitstier der Alliierten im Zweiten Weltkrieg. Das Museum zeigt verschiedene Varianten dieses Panzers, der für seine Vielseitigkeit und Zuverlässigkeit bekannt war. Besonders interessant ist die Ausstellung eines Firefly, einer britischen Variante des Sherman mit einer stärkeren 17-Pfünder-Kanone.

Musée des Blindés Saumur

Adresse: 1043 Straße nach Fontevraud, 49400 Saumur

Internet: www.museedesblindes.fr

Email: contact@museedesblindes.fr

Öffnungszeiten: Täglich 10 – 18 Uhr.

Telefon: +02 (41)83 69 95

Behindertengerecht: bedingt

Restaurant/Café: kein Cafe, dafür Shop.

Fläche: 10 000 m^2

Preise: Erwachsene 11 €, Kinder von 7 – 15 Jahre 6 €, Kinder bis 7 Jahre frei. Kombiticket Panzermuseum und Museum der Kavallerie, Erwachsene 18 €, Kinder 9 €.

4. **Der AMX-13: Ein leichter französischer Panzer aus der Nachkriegszeit, der für seine innovative Federung und seinen oszillierenden Turm bekannt ist. Der AMX-13 war in vielen Konflikten weltweit im Einsatz und ist ein Beispiel für die Weiterentwicklung der französischen Panzertechnik.**
5. **Der Leclerc: Der moderne Kampfpanzer der französischen Armee, der seit den 1990er-Jahren im Dienst ist, ist ebenfalls im Museum ausgestellt. Der Leclerc repräsentiert die neuesten Technologien in Panzerbau und -design, einschließlich fortschrittlicher Feuerleitsysteme und Verbundpanzerung.**

Interaktive Ausstellung

Neben der beeindruckenden Sammlung gepanzerter Fahrzeuge bietet das Musée des Blindés eine Vielzahl interaktiver und bildungsorientierter Ausstellungen. Besucher können an Führungen teilnehmen, bei denen erfahrene Guides detaillierte Einblicke in die Geschichte und Technik der ausgestellten Fahrzeuge geben. Das Museum hat auch moderne Simulatoren, die es den Besuchern ermöglichen, das Gefühl zu erleben, in einem Panzer zu sitzen und zu fahren. Diese interaktiven Erlebnisse sind besonders bei jüngeren Besuchern beliebt und bieten eine spannende Möglichkeit, mehr über die Funktionsweise von Panzern zu erfahren.

Regelmäßig organisiert das Musée des Blindés außerdem Veranstaltungen und Vorführungen, bei denen einige der Panzer aus der Sammlung in Aktion gezeigt werden. Diese Veranstaltungen sind Höhepunkte im Kalender des Museums und ziehen zahlreiche Besucher an, die die Gelegenheit nutzen wollen, die Fahrzeuge in Bewegung

▲ Ein deutscher Kanonenjagdpanzer gehört auch zur Ausstellung in Saumur.

zu sehen und die Geräusche und Vibrationen der Motoren zu erleben. Das Museum ist auch ein Zentrum für die Restaurierung und Erhaltung historischer Fahrzeuge. Es gibt ein spezialisiertes Team von Technikern und Historikern, die daran arbeiten, die Panzersammlung in bestem Zustand zu halten und neue Fahrzeuge zu erwerben und zu restaurieren. Diese Arbeit ist entscheidend, um die Geschichte der Panzertechnik für zukünftige Generationen zu bewahren.

► Panzerjäger der deutschen Wehrmacht Seite an Seite in Frankreich.

▲ Eines der Glanzstücke von Saumur: der Tiger II 233. Daneben ein deutscher Panther.

▲ Auch modernes Kriegsgerät gehört zur Ausstellung in Saumur, die Hunderter verschiedene Fahrzeuge umfasst, wie …

▶ … diesen seltenen Flakpanzer, der über Umwege nach Frankreich kam.

Umso mehr Aufmerksamkeit zieht ein aktuelles Projekt, das bei der Drucklegung dieses Buches noch nicht fertig war, an. In Saumur soll ein weiterer fahrender Tiger entstehen. Neben dem 131 in Bovington wäre dies das zweite Exemplar weltweit. So erklärt es sich vielleicht auch (auf diesen wenigen Zeilen), dass das Musée des Blindés nicht nur nationale, sondern auch internationale Bedeutung hat. Es arbeitet eng mit anderen Militärmuseen und Sammlungen weltweit zusammen, um Wissen und Ressourcen auszutauschen. Diese Kooperationen helfen, die Sammlung zu erweitern und spezialisierte Ausstellungen zu organisieren, die sich mit verschiedenen Aspekten der Militärgeschichte befassen.

Fazit

Das Panzermuseum in Saumur ist ein einzigartiger Ort, der Geschichte, Technik und Bildung miteinander verbindet. Mit einer beeindruckenden Sammlung von gepanzerten Fahrzeugen aus verschiedenen Epochen, interaktiven Ausstellungen und regelmäßigen Veranstaltungen bietet es ein umfassendes und faszinierendes Erlebnis für alle, die sich für Militärgeschichte und Panzertechnik interessieren.

Ein wahrer Abenteuerspielplatz

Das Nationale Militärmuseum der Niederlande

Was man alles aus einem ehemaligen Flugplatz machen kann, zeigen eindrucksvoll die Niederlande mit ihrem Nationaal Militair Museum in Soest.

Ich selbst war kurz nach der Eröffnung 2014 zum ersten Mal da und war schon damals beeindruckt. Das Museum gehört zu den modernsten Häusern seiner Art. Alles ist hier auf Interaktivität ausgelegt.

Und im Laufe der Jahre mauserte sich das Haus zu einem immer beliebteren Ausflugsziel für die ganze Familie. Allein der Kinderspielplatz in der Mitte des Museums ist nahezu immer stark besucht. Und niemand stört sich dort, dass die Kinder dort auf einem Panzer, einem U-Boot oder einem Helikopter herumturnen können oder daran, dass sie an Spielstationen sogar einen Panzer steuern können.

Was das Haus selbst angeht, so fasst es die eigene Homepage am besten zusammen, woher man kommt und was man als seine Aufgabe betrachtet:

„In den Niederlanden leben wir nun schon seit über siebzig Jahren in Frieden und Freiheit. Dadurch sind die Streitkräfte und unsere Militärgeschichte für viele Niederländer in weite Ferne gerückt. Trotzdem haben die Konflikte in der Welt um uns herum einen großen Einfluss auf unsere Gesellschaft – nicht erst heute, sondern schon seit Jahrhunderten. Die Niederlande wurden in nicht geringem Maße von ihrer mili-

◄ Auch im Nationalen Militärmuseum der Niederlande findet sich ein amerikanischer Sherman in der Ausstellung.

▲ Am Eingang nimmt ein Leopard-Panzer die Besucher in Empfang. Die Niederlande gehören zu den Nutzerstaaten dieses Waffensystems.

▲ Blick in die große Halle des Museums, die neben Panzern auch Flugzeuge und Hubschrauber beherbergt. Ganz vorne ein Boeing-Vertol CH-47, besser bekannt als „Chinook“.

Nationaal Militair Museum

Adresse: Verlengde Paltzerweg 1, 3768 MX Soest, Niederlande

Telefon: +31 (0)85 003 6000

Internet: Defensiemusea.nl

Behindertengerecht: Ja

Email: info@defensiemusea.nl

Restaurant/Café: Ja

Öffnungszeiten: Dienstag bis Sonntag von 10 – 17 Uhr. Am Königstag, Weihnachtstag und Neujahr geschlossen. An allen anderen Feiertagen haben wir geöffnet.

Preise: Erwachsene: 19,50 €, Kinder von 4 – 12 Jahren: 11 €, Kinder bis einschl. 3 Jahre: kostenlos, CJP-Pass of Studentenausweis: 15 €, kostenlos mit Museumskarte, VriendenLoterij VIP-Karte, Rembrandt-Karte, ICOM-Karte, Veteranenpas, Militaire Oorlogs- en Dienstslachtofferspas (MOD), Niederländischer Defensiepas en Postactievenpas, Freunde NMM.

tärischen Vergangenheit geprägt. Die internationalen Missionen, der Kalte Krieg, der Zweite Weltkrieg, die napoleonische Ära, das Katastrophenjahr (1672), der Achtzigjährige Krieg und viele andere Perioden mit Kämpfen und Bedrohungen haben unser Staatssystem, unsere Grenzen, unsere Landschaft, unsere Kultur und unsere DNA stark beeinflusst. Es ist eine Geschichte voller Höhen und

► Zur Sammlung gehören auch einige Flugabwehrgeschütze, die man in der großen Halle sehen kann.

▲ Auch Panzer aus UN-Beständen oder besser gesagt aus UN-Missionen bevölkern die Hallen in Soest.

Tiefen, Zerstörung und Wiederaufbau, Siegen und Niederlagen, die viele Schichten unserer Gesellschaft durchdringt. Und das bis zum heutigen Tag. Unsere militärische Vergangenheit ist uns näher, als wir oft denken. Dort sehen wir unsere Aufgabe als Museum. Wir steigern das historische und aktuelle Bewusstsein für die Auswirkungen von Kriegen auf unsere Gesellschaft. Die Tatsache, dass unsere Streitkräfte seit Jahrhunderten eng mit den Niederlanden verbunden sind. Wir zeigen unseren Besuchern, dass unsere Freiheit und der Frieden keine Selbstverständlichkeit sind, und dass wir gemeinsam (weiterhin) das schützen müssen, was uns lieb und teuer ist. Unsere Mission ist es, auf diese Weise einen Beitrag zu einer freiheitsbewussten und widerstandsfähigen Gesellschaft zu leisten. Das Nationale Militärmuseum entstand aus einer Fusion des Armeemuseums in Delft und des Militärluftfahrtmuseums in Soest. Um beide

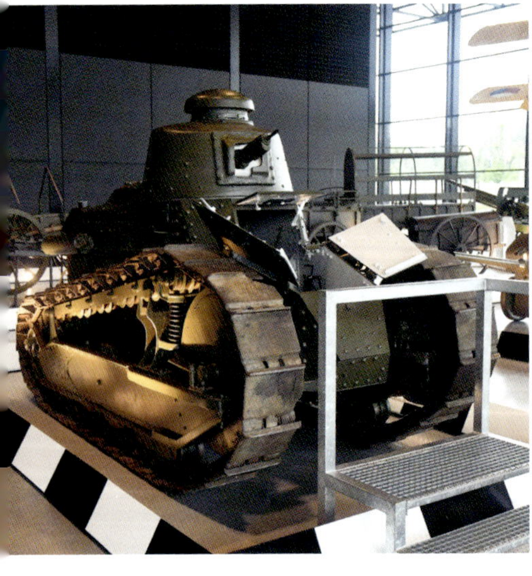

◀ Ein Renault FT-17. Mit diesem Muster aus dem Ersten Weltkrieg begann der moderne Panzerbau.

▶ Spähwagen Fennek – dieses Muster nutzt auch die Bundeswehr für ihre Einsätze.

Sammlungen für die Zukunft zu sichern, beschlossen die Armee und die Luftwaffe, ein gemeinsames neues Museum zu errichten. Das Marinemuseum in Den Helder und das Marinemuseum in Rotterdam und waren ebenfalls in einer gemeinsamen Stiftung untergebracht. Die Gründung der Royal Defense Museums Foundation war eine Tatsache."

Und auch hier finden sich – neben 19 Flugzeugen, darunter moderne Exponate wie eine F-15 oder eine recht seltene Hawker Hunter – schöne Panzerfahrzeuge, die eine eigene Geschichte erzählen.

Die Reise zu diesem Museum lohnt wirklich, denn es gibt immer wieder etwas Neues zu entdecken. Deswegen möchte ich hier auch nur eine kleine Auswahl vorstellen, wie den Leopard 2, den Leopard 1, den Raketenwerfer MLRS, den Centurion und nicht zuletzt der Gepard.

▲ Auch Transportpanzer wie dieser dürfen in einer Ausstellung über das niederländische Militär natürlich nicht fehlen.

Niederlande / Overloon

Erinnerung und Action in den Niederlanden

Das Kriegsmuseum Overloon

Overloon ist unter Militariafans längst kein Geheimtipp mehr. An historischer Stätte (Der Ort Overloon wurde im September/Oktober 1944 in der gleichnamigen Schlacht fast völlig zerstört) entstand schon im Jahr 1946 ein Museum, um die Erinnerung wach zu halten.

Mehrfach war ich bereits vor Ort – anlässlich der spektakulären Live-Events „Militracks“ und „Eyewittness Living History“. Aber auch sonst ist Overloon eine Reise wert, da man hier eine modern inszenierte Ausstellung mit teils einzigartigen Stücken vorfindet.

Die Ausstellungsmacher selbst sehen ihr Haus als zeitgeschichtliches und militärtechnisches Museum, das sich vor allem mit dem Zweiten Weltkrieg beschäftigt, aber auch andere Themen streift.

Mit seiner Eröffnung im Mai 1946 war Overloon das erste Kriegsmuseum in Westeuropa, das vorrangig dem Zweiten Weltkrieg gewidmet ist.

▲ Auch Flugzeuge sind zu bestaunen, wie ein Horsa Lastensegler (vorne). Dieser Typ kam u. a. bei der Operation Market Garden zum Einsatz.

► Der Eingang zum Kriegsmuseum Overloon – aber nur bei Events – dahinter wartet der Park, bevor das eigentliche Museum kommt.

◄ Ein Sherman-Panzer mit „angehobenem“ Turm – er soll die Zerstörung symbolisieren und die Schlacht von Overloon 1944.

▲ Das Glanzstück der Sammlung: der Panther 222. Er hat in etwa denselben Stellenwert wie der Tiger 131 in Bovington – zumindest für mich.

Zuerst trug man die Reste zusammen, die während der Schlacht um Overloon vor Ort verblieben waren. Später kam auch noch Gerät aus anderen Teilen der Niederlande dazu. So wuchs die Sammlung stetig an und erreichte schließlich im Jahr 1960 „nationalen Status" – dieses Prädikat wird nur besonderen Einrichtungen verliehen.

Im Laufe der Jahrzehnte erlebte das Museum verschiedene Umgestaltungen. Auch übernahm man verschiedene Sammlungen von anderen Museen – wie zuletzt etwa einen M24 Chaffee aus einem Museum in den Niederlanden, das seine Tore schloss.

Eine der wichtigsten Veränderungen der letzten Jahre: Die Panzer stehen nun nicht mehr ungeschätzt im Außenbereich, sondern im Inneren, mit Ausnahme des T-34, der auf dem Weg zum Museum immer wieder Kinder zum Klettern einlädt. Im weitläufigen Park des Museums stehen heute moderne Skulpturen, die sich mit den Schrecken des Krieges beschäftigen.

Im Jahr 2010 wurde das Haus umfassend modernisiert und setzt nun vor allem auf Interaktivität und audio-visuelle Darstellungen. So kann in einem Rundgang mit Fil-

Kriegsmuseum Overloon

Adresse: Museumpark 1, NL-5825 AM Overloon
Internet: www.oorlogsmuseum.nl
Email: info@oorlogsmuseum.nl
Öffnungszeiten: Montag bis Freitag: 10 – 17 Uhr, Wochenende: 11 – 17 Uhr.
Feiertagsöffnungszeiten: Siehe website.

Telefon: +31 (0)478 641250
Behindertengerecht: ja
Restaurant/Café: ja
Fläche: 500 000 m^2 einschl. Park
Preise: Erwachsene 17,50 €, Kinder 4 – 12 Jahre 11,50 €, Kinder unter 4: freier Eintritt.

men und Projektionen die Schlacht von Overloon erlebt werden. Zudem gibt es immer wieder Sonderausstellungen zu verschiedenen Themen.

Auch meine persönlichen Highlights sind teils eng mit der Geschichte von Overloon verbunden:

- **Der Panther 222, der innerorts durch eine britische „PIAT“ durch Angehörige des 2nd Btl. East-Yorkshire Regiments zerstört wurde, wobei seine gesamte Besatzung den Tod fand.**
- **Der Panzerjäger Nashorn, der bei Königsberg zerstört und nun durch ein niederländisches Team wieder aufgebaut wurde. Das einzig bekannte betriebsfähige Exemplar weltweit.**
- **Das Dora-Geschoss, weil es einfach kaum noch etwas von diesem wahnwitzigen Gigantengeschütz gibt.**
- **Der Churchill Mk. V „Jackal“, der während der Schlacht um Overloon auf eine Mine lief. Ebenfalls ein Panzer mit direkter Verbindung zum Ort**

Ein besonderes Highlight im Jahr sind aber die „Militracks“, die jedes Jahr tausende Besucher anlocken. In der Arena fahren verschiedene Fahrzeuge, vor allem aus Beständen der deutschen Wehrmacht, mit denen die Besucher – gegen einen kleinen Obolus und abhängig von der Klasse des Fahrzeugs – mitfahren können. Hinzu kommen ein großer Militariamarkt, freier Eintritt ins Museum, viele Stände mit Waffeln, Fritten, Frikandeln und anderen Leckereien.

Ähnlich, aber (noch) kleiner zeigen sich die „Eyewittness Living History“-Events – im Jahr 2024 findet diese Reenactor-Veranstaltung zum zweiten Male statt. Hier gibt es nachgestellte Schlachten, Feldlagerleben (hier kann der Besucher ganz nah heran), Expertengespräche und natürlich wieder viele Fahrzeuge in Aktion. Der Besuch lohnt sich!

Interview mit Erik van den Dungen

Position: Managing director

Alexander Losert: Was macht für Sie die Faszination von Panzerfahrzeugen aus und weshalb zeigen Sie diese in Ihrem Museum?

Erik van den Dungen: An der Schlacht bei Overloon waren sowohl britische als auch amerikanische Panzer beteiligt, an der auch die 107. Panzerbrigade mit Panther-Panzern beteiligt war. Das liegt also in der DNA des Museums, das auf diesem ehemaligen Schlachtfeld gegründet wurde.

Alexander Losert: Worin sehen Sie die Aufgabe des Museums?

Erik van den Dungen: Die Ursprünge des Zweiten Weltkriegs, seine verschiedenen Phasen und die Folgen darzustellen – und die Parallelen zwischen der Gesellschaft damals und heute aufzudecken.

Alexander Losert: Was ist das Besondere an diesem Museum?

Erik van den Dungen: Wir haben über 150 Militärfahrzeuge ausgestellt, darunter Flugzeuge und großkalibrige Geschütze.

Alexander Losert: Was denken Sie, fasziniert Menschen an diesen Maschinen?

Erik van den Dungen: Die schiere mechanische Kraft.

Alexander Losert: Wie kann man Panzer nutzen, um Menschen die Geschichte näherzubringen?

Erik van den Dungen: Es geht nicht um die Panzer, sondern um die Panzerbesatzungen: junge Leute (heutzutage Männer und Frauen), die aufstehen und für den Schutz der Freiheit oder für die Freiheit anderer Nationen kämpfen.

Alexander Losert: Panzer werden für den Krieg gebaut. Wie würden Sie die Rolle des Museums in diesem Zusammenhang beschreiben?

Erik van den Dungen: Wir sind ein historisches Museum, wie ich bereits erwähnte.

Alexander Losert: Erinnerung? Technikgeschichte? Verstaubte Relikte? Wie würden beschreiben, was die Menschen hier sehen?

Erik van den Dungen: Ich würde mich lieber auf „Geschichten" konzentrieren – von der Erinnerung zur Geschichte – und weniger Wert auf technische Aspekte legen.

Alexander Losert: Welchen Panzer hätten Sie gerne noch in der Sammlung – und warum?

Erik van den Dungen: Einen T-34/76. Ein wichtiger Wendepunkt des Zweiten Weltkriegs war die Schlacht bei Stalingrad. T-34/76 würde hier gut in unsere Sammlung hineinpassen, da unsere beiden T-34/85 aus späteren Jahren stammen.

Alexander Losert: Wegen welcher Fahrzeuge kommen nach Ihrer Einschätzung die meisten Besucher zu Ihnen ins Museum?

Erik van den Dungen: Ich würde sagen, die meisten kommen um, unter anderen, den Panther-Panzer und die 8,8 cm-Flak, ein Wrack eines Lancaster-

► Szene aus der „Eyewitness"-Veranstaltung, ein sogenannter Mock-Battles. Reanactorgruppen stellen Schlachten nach – mit Fahrzeugen und Explosionen.

Bombers und ein Horsa-Segelflugzeug zu sehen. Ebenso spektakulär sind natürlich die BARC-Amphibienfahrzeuge der US-Armee aus der Zeit nach dem Zweiten Weltkrieg.

Alexander Losert: Wie setzten sich Ihre Besucher demografisch zusammen?

Erik van den Dungen: Wir begrüßen viele Schulklassen mit Schülern im Alter von 10 – 15 Jahren, Familien mit Kindern im Alter von 10 – 15 Jahren sowie Mittelschüler und Senioren.

Alexander Losert: Wie viele Besucher kommen jährlich zu Ihnen?

Erik van den Dungen: Rund 150 000.

Alexander Losert: Wie finanziert sich das Museum?

Erik van den Dungen: Aus den Eintrittsgeldern sowie aus den Einnahmen in der Museumscafeteria und im Shop.

Alexander Losert: Welches ist Ihr persönliches Lieblingsstück in der Sammlung?

Erik van den Dungen: Der zweimotorige Bomber des Typs North American B-25 Mitchell.

▲ Mitfahrt auf dem „Nashorn". Im Rahmen der Militracks besteht die Option für die Besucher mit den Fahrzeugen mitzufahren.

Alexander Losert: Welche fünf Highlights möchten Sie den Besuchern besonders nahelegen?

Erik van den Dungen: Den Panzerkampfwagen V „Panther", das BARC-Amphibienfahrzeug, Das Wrack des Lancaster-Bombers, der Sherman aus der Schlacht von Overloon, und die Enigma- Chiffriermaschine.

Alexander Losert: Welche besonderen Veranstaltungen haben Sie über das Jahr verteilt?

Erik van den Dungen: Zum einen „Militracks", die weltweit größte Show zur deutschen Fahrzeugtechnologie aus dem Zweiten Weltkrieg und zum anderen ganz neu das „Eyewitness Living History"-Event, eine große Reenactement-Veranstaltung zur Befreiung der Niederlande 1944 – 1945.

Alexander Losert: Auf welchen Ebenen arbeiten Sie mit anderen Museen zusammen?

Erik van den Dungen: Hier findet vor allem eine enge Zusammenarbeit auf Managementebene innerhalb einer Gruppe der wichtigsten niederländischen Museen und Gedenkeinrichtungen zum Zweiten Weltkrieg statt.

Belgien / La Gleize

Ein Panzer – eine Schlacht

December '44 Historical Museum La Gleize

Viele werden sich fragen, warum dieses Museum in diesem Buch ist. Es zeigt doch nur einen Panzer. Ja, aber eben dieser Panzer ist etwas Besonderes und die dazugehörige Sammlung sucht ihresgleichen.

Das Museum selbst verfügt über eine beeindruckende Sammlung von Fahrzeugen, Ausrüstung und Uniformen. Und eines seiner ungewöhnlichsten Stücke ist der „Königstiger".

Der Tiger II mit der Nummer 213 wurde bei der Verteidigung der Werimont Farm außer Gefecht gesetzt. Nach dem Krieg tauschte ihn die Frau des örtlichen Gastwirts gegen eine Flasche Cognac ein und ließ ihn nach La Gleize schleppen, wo er noch heute steht.

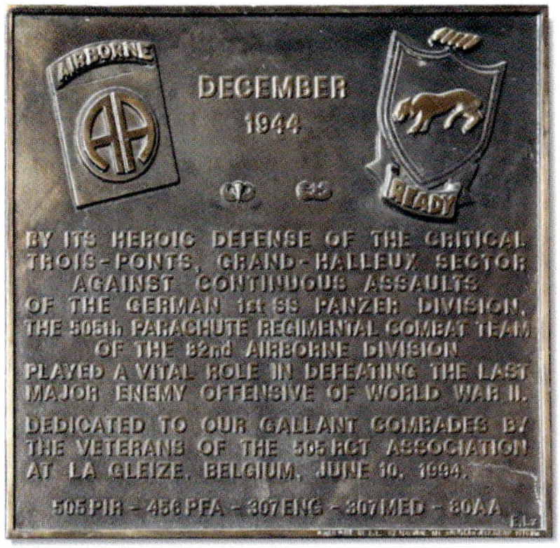

▲ Erinnerungstafel an die Ereignisse Ende 1944.

Und die Geschichte des Tiger II 213 ist ebenso interessant wie die Sammlung selbst: Der Panzer wurde von SS-Obersturmführer Helmut Dollinger während der letzten Gefechte um La Gleize als Zugkommandopanzer eingesetzt. Es ist nicht bekannt, ob Dollinger den Angriff am 16. Dezember mit dem 213 startete oder ob er dorthin übersiedelte, nachdem sein ursprünglicher Panzer ausgefallen war. Der 213 war ursprünglich der Panzer des SS-Unterscharführers Franz Faustmann, Dollinger setzte ihn später in La Gleize ein.

Der Panzer 213, ein weiterer Tiger (221) und ein Pz. IV verteidigten die Anhöhe der Werimont Farm am Stadtrand von La Gleize. Am 21. Dezember griffen US-Panzer der Task Force McGeorge und der Task Force Lovelady der 3. Panzerdivision La Gleize an.

Gegen Mittag eröffneten Dollinger in seinem 213 und SS-Untersturmführer Georg Hantusch in seinem 221 das Feuer auf 15 von Roanne kommende US-Panzer, erzielten

▲ In La Gleize finden sich viele Relikte der damaligen Kämpfe, vor allem auch seltene Stücke der Waffen-SS.

◄ Der Königstiger wurde während der Schlacht in den Ardennen von den Amerikanern erbeutet und gegen eine Flasche Cognac eingetauscht.

jedoch keinen Treffer. Die amerikanischen Panzer feuerten zurück und schossen das vordere Drittel des Geschützes von Dollingers Panzer weg. Hantuschs „Königstiger" wurde ebenfalls schwer getroffen und beide Panzerbesatzungen mussten aussteigen.

Dollinger, der an einer Kopfwunde litt, suchte im Keller des Werimont-Hofes Zuflucht. 213 wurde auf der Werimont-Farm zurückgelassen, als sich die Kampfgruppe Peiper zu Fuß aus La Gleize zurückzog.

Nach dem Krieg entfernten die Amerikaner die gesamte zurückgelassene Militärausrüstung. Madame Jenny Geenen-Dewez kaufte den Panzer im Juli 1945 von den amerikanischen Truppen, die das Dorf räumten zum Preis der besagten Flasche Cognac.

Der imposante Tiger wurde auf den Hauptplatz von La Gleize gebracht und später restauriert, indem ein Teil eines originalen Panther-Laufs und eine Mündungsbremse aus einem von Skorzenys getarnten Panthern, die in der Nähe von Malmedy zurückgelassen wurden, an den verbleibenden Teil des Tiger-Laufs geschweißt wurde.

Das Museum selbst wurde im Jahr 1989 von zwei Geschichtsliebhabern gegründet. Ihr Ziel war es, die nachfolgenden Generationen für die Ursachen und Folgen des Krieges zu sensibilisieren und gleichzeitig die Erinnerung an diejenigen zu bewahren, die ihr Leben im Krieg gegeben haben.

▲ Der Bereich vor dem Museum wird natürlich von dem Königstiger beherrscht, der aber nicht mehr so original ist, wie man vermuten sollte ...

Décembre 44 Historical Museum La Gleize

Adresse: Rue de l'église, 7b, B-4987 La Gleize	**Telefon:** 32 (0) 80 78 51 91
Internet: www.december44.com	**Behindertengerecht:** nein
Email: info@december44.com	**Restaurant/Café:** nein
Öffnungszeiten: 10 – 18 Uhr, letzter Einlass 17 Uhr. Am 24. und 31. Dezember bis 16 Uhr. Geschlossen am 25. Dezember und 1. Januar.	**Preise:** 9 €, ermäßigt 7 €, Kind unter 8 Jahren frei

◄ Der Panther der Waffen-SS-Division „Das Reich" steht an der Straße.

Denn, wie es auch treffend auf der Website heißt, ist dieser Ort nicht nur ein Museum, sondern vor allem ein Ort der Erinnerung, denn er befindet sich genau dort, wo die Kämpfe stattgefunden haben.

Dank einer dynamischen Ankaufspolitik wächst die beeindruckende Sammlung des Museums ständig weiter. Um sie zu entdecken, bietet das Museum einen chronologischen und thematischen Rundgang an, der auf dem Weg durch die Räume und Etagen diesen Wendepunkt in der Geschichte des Zweiten Weltkriegs detailliert erzählt.

Es ist ein kleines Museum, das auch erst einmal gefunden werden will, dessen Besuch aber lohnt, weil man hier neben dem Panzer und anderen Fahrzeugen auch viele persönliche Gegenstände der Soldaten sehen kann, etwa aus dem Besitz von Fallschirmjägern oder der Waffen-SS

Und wer noch etwas Zeit hat, dem sei der Abstecher nach Manhay empfolen. Dort gibt es ebenfalls eine sehr sehenswerte private Sammlung – und direkt an der Straße steht ein Panther mit den Zeichen der Division „Das Reich".

Man sieht, dass sich hier auf wenigen Kilometern einiges an Geschichte abgespielt hat und man kann froh sein, dass es Enthusiasten gibt, die es sich zur Aufgabe gemacht haben, die Erinnerung daran wach zu halten.

◄ Auch in Manhay befindet sich ein kleines Museum.

► In Dioramen werden Szenen aus dem damaligen Kampfgeschehen nachgestellt, noch dazu mit passender Ausrüstung.

Interview mit Bernard Treinen

Position: Eigentümer des Museums

Alexander Losert: Was macht für Sie die Faszination von Panzerfahrzeugen aus und weshalb zeigen Sie diese in Ihrem Museum?

Bernard Treinen: Wir befinden uns im Nordteil der Ardennenoffensive, an einem Ort, an dem die Schlacht zu Gunsten der Amerikaner bzw. Allierten entschieden wurde. Wir haben das Glück, dass am Eingang ein Zeitzeuge, nämlich ein unglaublicher Koloss, der Tiger II, der sogenannte Königstiger, verblieben ist. Engagierte Personen und Zeitzeugen haben sehr früh die historische Bedeutung erkannt und den Willen gezeigt, diese Geschichte weiterzuerzählen.

Alexander Losert: Was ist das Besondere an diesem Museum?

Bernard Treinen: Das Museum ist auf Grund der Historie und der Anzahl an historischen Gegenständen die hier gefunden und ausgestellt werden einzigartig.

Alexander Losert: Was denken Sie, fasziniert Menschen an diesen Maschinen?

Bernard Treinen: Es geht hier vornehmlich um den Königstiger, wobei die Thematik anderer Panzer im Museum angesprochen und diesbezüglich Teile ausgestellt werden (Panther und Panzer IV). Ich denke beim Tiger-Panzer ist es die technische Entwicklung, die unvorstellbare Größe sowie die Tatsache, dass es der einzige Tiger II Panzer ist, der auf dem Schlachtfeld liegen- und an diesem Ort bis heute verblieben ist.

Alexander Losert: Wie kann man Panzer nutzen, um Menschen die Geschichte näherzubringen?

Bernard Treinen: In unserem Museum geht es ja ohnehin nicht nur um Panzer, sondern sie sind Teil davon. Allgemein denke ich, dass die Menschen von Panzern, insbesondere von den deutschen Panzern, fasziniert sind aufgrund der damaligen enormen technischen Entwicklung auch hier wieder insbesondere beim Tiger II, 70 Tonnen schwer, Verbrauch 700 Liter Benzin auf 100 Kilometer.

Alexander Losert: Erinnerung? Technikgeschichte? Verstaubte Relikte? Wie würden Sie beschreiben, was die Menschen hier sehen?

Bernard Treinen: Aufgrund der Anstrengungen, lokal engagierter Personen ist es möglich gewesen, den Besuchern eine weltweit einzigartige Sammlung zu präsentieren, die dabei helfen kann, die Kriegsgeschehnisse hier besser zu veranschaulichen.

Alexander Losert: Wegen welcher Fahrzeuge kommen nach Ihrer Einschätzung die meisten Besucher zu Ihnen ins Museum?

Bernard Treinen: Die Besucher kommen nicht aufgrund der Fahrzeuge, sondern aufgrund der geschichtlichen Ereignisse, die hier stattgefunden haben, ins Museum.

Alexander Losert: Wie setzten sich Ihre Besucher demografisch zusammen?

Bernard Treinen: Das ist ganz verschieden und die Besucher kommen aus der ganzen Welt.

Alexander Losert: Wie viele Besucher kommen jährlich zu Ihnen?

Bernard Treinen: Wir haben jährlich etwa 15 000 – 20 000 Besucher

Alexander Losert: Wie finanzieren Sie das Museum?

Bernard Treinen: Das Museum ist vornehmlich privat finanziert

Alexander Losert: Was ist Ihr persönliches Lieblingsstück in der Sammlung?

Bernard Treinen: Das Kartenbrett von SS-Obersturmbannführer Jochen Peiper, welches nach dem Kriege im Ort gefunden wurde.

Alexander Losert: Welche fünf Highlights in Ihrem Museum möchten Sie den Besuchern besonders empfehlen?

Bernard Treinen: Wir haben sehr viele Highlights mit Symbolcharakter, dazu zählt sicherlich, wie bereits erwähnt, das Kartenbrett von Jochen Peiper. Aber auch ein Abwurfbehälter für 200 Liter Kraftstoff, der in La Gleize zurückblieb. Um das Massaker von Malmedy zu veranschaulichen, haben wir einen Kitbag eines der ersten Getöteten im Feld ausgestellt; Pfc. Carl M. Stevens. Ferner sind es die große Anzahl an seltenen Uniformen, die im Ort gefunden wurden, sowie auch Panzer und Fahrzeugteile, die von den Deutschen bei ihrem Ausbruch aus dem Kessel zurückgelassen wurden.

Alexander Losert: Welche Sonderveranstaltungen haben Sie über das Jahr verteilt?

Bernard Treinen: Eine der größten Militaria-Börsen Europas findet hier Mitte Juni eines jeden Jahres statt.

Alexander Losert: Auf welchen Ebenen arbeiten Sie mit anderen Museen zusammen?

Bernard Treinen: Wir operieren völlig eigenständig.

Der technischen Erinnerung verpflichtet

Bastogne Barracks

▲ Der Eingangsbereich der Bastogne Baracks. Hierbei handelt es sich um eine jüngere Sammlung, die weiter wächst. Was bislang zu sehen ist, ist aber in jedem Fall einen Besuch wert.

Die Stadt Bastogne in den Ardennen dürfte jedem Militärinteressierten bekannt sein. Belgien war gerade zum Ende des Zweiten Weltkriegs ein großer Schauplatz des Kampfes während des Unternehmens „Wacht am Rhein", der deutschen Ardennenoffensive. Entsprechend groß ist auch die Dichte an einschlägigen Museen in der Region. Ebenso kaum verwunderlich, dass dort auch noch umfangreiches technisches Gerät anzutreffen ist.

Eine ganz besondere Einrichtung für „Kettenfreunde" sind die sogenannten Bastogne Barracks in der gleichnamigen belgischen Stadt.

In einer ehemaligen Kaserne der belgischen Armee hat sich in den letzten Jahren eine stetig wachsende Sammlung an Fahrzeugen aus der Zeit des Zweiten Weltkriegs etabliert, die auch um Exponate aus der Zeit des Kalten Kriegs ergänzt wird.

◄ Der Sherman 4A3E 2 Jumbo in den Bastogne Barracks. Wie man es sich denken kann, spielt die Schlacht In den Ardennen auch hier eine große Rolle.

◄◄ Auch auf dem Außengelände stehen Panzer und warten auf die Besucher.

▲ Blick in einer der Ausstellungshallen. Man erkennt gut das sowjetische ISU 152.

Dabei ist bereits die Geschichte der Liegenschaft selbst interessant: Die Kaserne in Bastogne wurde zwischen 1935 und 1936 gebaut, um das Regiment der Ardennen „Chasseurs“ zu beherbergen. Am 10. Mai 1940 bezog das Regiment am Stadtrand von Bastogne seine Verteidigungspositionen. Zwei Tage später besetzte die Wehrmacht die Stadt. Von 1941 an wurden die Kasernen als Ausbildungszentrum für die Hitlerjugend genutzt und in H-Gerhold Kaserne umbenannt. Nach dem Abzug der Deutschen bezog das Hauptquartier des VIII. Armeekorps der USA unter dem Kommando von General Troy H. Middleton die Liegenschaft. Brigadegeneral Anthony McAuliffe, Kommandeur der 101st-Airborne-Division, kam mit seinen Männern am 19. Dezember 1944 in Bastogne an und richtete sein Hauptquartier in der Kaserne ein. Am 21. Dezember 1944 sahen sich Anthony McAuliffe und seine Division von deutschen Truppen umgeben und der deutsche Kommandeur Heinrich Freiherr von Lüttwitz stellte dem amerikanischen Hauptquartier ein Ultimatum: „Es gibt nur eine Möglichkeit, die umliegenden amerikanischen Streitkräfte vor vollständiger Zerstörung zu retten: die ehrenvolle Kapitulation der belagerten Stadt.“ General McAuliffe formuliert eine

Bastogne Barracks

Adresse: Rue de La-Roche 40, B-6600 Bastogne	**Telefon:** +32 (0)478/782498
Internet: www.bastognebarracks.be	**Behindertengerecht:** ja
Email: booking.bastogne@warheritage.be	**Restaurant/Café:** nein
Öffnungszeiten: Täglich 9 – 17 Uhr, Montag geschlossen. Geschlossen 1. Januar, 1. Mai, 1. November, 14. – 15. und 25. Dezember.	**Fläche:** 2500 m^2 **Preise:** 12 € Erwachsene (ab 19 Jahre und älter), 9 € Jugendliche (6 bis 18 Jahre), Kinder unter 6 Jahren frei.

▲ Der amerikanische Panzer M3 Lee/Grant, der auch in Nordafrika zum Einsatz kam und der Vorgänger des Sherman war.

kurze Antwort „Für die Aufmerksamkeit des deutschen Kommandanten. NUTS! Der amerikanische Kommandant."

Nach dem Krieg zog dann wiederum die belgische Truppe in die Kaserne, bis man die Liegenschaft aufgab und an dieser Stelle ein Museum entstand, das sich ganz der Technikgeschichte verschrieben hatte.

Bei meinem Besuch durfte ich auch einen Blick in die Werkstatt werfen, was umso beeindruckender war, weil gerade verschiedene Fahrzeuge dort zur Restauration weilten, wie ein sowjetischer IS-3, ein M8 Greyhound und die Wanne eines M26 Pershing.

Seit dem Jahr 2017 ist das Museum dem belgischen „War Heritage Institute" unterstellt, das auch das Militär- und Luftfahrtmuseum in Brüssel (Musée Royal de l'Ar-

◄ Blick in den Kampfraum des M3 in den Bastogne Barracks.

► Das ISU 152 war ein schweres Kettenfahrzeug der Roten Armee, das als Jagdpanzer Verwendung fand, diente aber auch als Panzerartillerie.

mée) betreibt. Seither hat sich einiges getan: Vor allem die beiden Hallen, die schon fertig sind, beeindrucken. Man kann nah an die Fahrzeuge heran und nach Lust und Laune Fotos machen.

Einen Shop, Café und andere Dinge gibt es (noch) nicht – dafür aber auf der anderen Seite von Bastogne im rund zwei Kilometer entfernten, ebenfalls sehr sehenswerten War Museum, das mit dem Auto in fünf, mit öffentlichen Verkehrsmitteln in rund zehn Minuten erreichbar ist.

In den Bastogne Barracks gibt es dafür einen – öffentlich nicht zugänglichen – separaten Raum, der den Veteranen vorbehalten ist, die dort gekämpft haben.

Daneben gilt es noch, die Arbeit der vielen Freiwilligen hervorzuheben, die viele Stunden ihrer Freizeit opfern, um die Maschinen wieder herzurichten. Ihr Einsatz ist aller Ehren wert. Der steigende Zuspruch belohnt das Bemühen aller Beteiligter.

Meine persönlichen Highlights vor Ort waren:

- **Der Panzer IV in der Ausführung J**
- **Das sowjetische Sturmgeschütz ISU-152**
- **Der noch in der Werkstatt stehende IS-3**
- **Der Sherman Firefly – die Sherman-Version mit der langen Kanone, die auch den „Tiger" knacken konnte**
- **Das StuG – ein Klassiker, von dem es nicht mehr so viele gibt.**

Der Besuch dieses noch wenig bekannten Museums lohnt sich in jedem Fall – und sollte auf jedem Fall mit einem Abstecher in das benachbarte War Museum verbunden werden. Mehr Infos unter bastognewarmuseum.be.

Interview Pierre Muller

Position: Kurator

Alexander Losert: Was macht für Sie die Faszination von Panzerfahrzeugen aus und weshalb zeigen Sie diese in Ihrem Museum?

Pierre Muller: Wir sind ein Nationalmuseum. Das Gelände der Bastogne-Kaserne ist Teil des Königlichen Armeemuseums in Brüssel. Da wir diese Maschinen in Brüssel nicht ausstellen können, tun wir das hier in angepassten Installationen in Bastogne.

Alexander Losert: Worin sehen Sie die Aufgabe des Museums?

Pierre Muller: In erster Linie darin, die Fahrzeuge zu bewahren und sie der Öffentlichkeit zu präsentieren. Wir führen auch Recherchen zu den Fahrzeugen durch, um etwas über ihre „Karriere" herauszufinden. So haben wir herausgefunden, dass der Panzer IV, den wir präsentieren, höchstwahrscheinlich in den Ardennen erbeutet wurde.

Alexander Losert: Was ist das Besondere an diesem Museum?

Pierre Muller: Was die Sammlung betrifft, haben wir eine der umfangreichsten Auswahlen an Sherman-Panzern in Europa. Was die Expertise betrifft, ist unser Restaurationszentrum sehr beeindruckend. Und natürlich der historisch bedeutsame Standort.

Alexander Losert: Was denken Sie, fasziniert Menschen an diesen Maschinen?

Pierre Muller: Ganz einfach: Ihre Größe, ihre Masse und ihre Kraft.

Alexander Losert: Wie kann man Panzer nutzen, um Menschen die Geschichte näherzubringen?

Pierre Muller: Die Menschen müssen daran erinnert werden, dass in diesen Fahrzeugen Menschen saßen. Viele verloren ihr Leben in diesen Fahrzeugen, die viel verwundbarer sind, als wir denken.

Alexander Losert: Panzer werden für den Krieg gebaut. Wie würden Sie die Rolle des Museums in diesem Zusammenhang beschreiben?

Pierre Muller: Die Rolle des Museums besteht darin, die Geschichte dieser Fahrzeuge zu erzählen und uns gleichzeitig daran zu erinnern, dass Krieg kein Spiel ist. Deshalb nehmen unsere Fahrzeuge seit einigen Jahren nicht mehr an Schlachtsimulationen teil, die die Gewalt und den Schrecken des Krieges oft nicht einfangen können. Ziel unserer Ausflüge ist es, die technischen Aspekte unserer Maschinen und die Restaurierungsarbeiten, die an ihnen durchgeführt werden, zu präsentieren.

Alexander Losert: Erinnerung? Technikgeschichte? Verstaubte Relikte? Wie würden beschreiben, was die Menschen hier sehen?

Pierre Muller: Ich würde sagen, von allem etwas. Jeder sieht, was ihn interessiert. Als Historiker sehe ich sie als stählerne Zeugnisse. Meine Mechaniker sehen sie als Vertreter der Technikgeschichte, während weniger interessierte Menschen sie vielleicht als verstaubte Relikte betrachten.

▲ Im Außenbereich finden sich weitere Fahrzeuge, wie dieser gepanzerte Spähwagen.

Alexander Losert: Welchen Panzer hätten Sie gerne noch in der Sammlung – und warum?

Pierre Muller: Einen Panther, weil diese Maschine ausgiebig in der Ardennenoffensive kämpfte und technologisch interessant ist. Und falls dies nicht möglich sein sollte, dann einen M10, um unsere Sherman-Sammlung zu vervollständigen. Am liebsten natürlich alle beide.

Alexander Losert: Wegen welcher Fahrzeuge kommen nach Ihrer Einschätzung die meisten Besucher zu Ihnen ins Museum?

Pierre Muller: Die deutschen Maschinen sind ein großer Erfolg, ebenso wie unser Sherman M4A3E 2 Jumbo, der in den Farben von „First in Bastogne" neu lackiert wurde (das Original befindet sich in den USA).

Alexander Losert: Wie setzten sich Ihre Besucher demografisch zusammen?

Pierre Muller: Es ist ziemlich vielfältig. Im Allgemeinen ist es eher ein männliches Publikum und aus dem Ausland. Unser Museum ist im Ausland bekannter als in Belgien.

Alexander Losert: Wie viele Besucher kommen jedes Jahr zu Ihnen?

Pierre Muller: Im Moment haben wir etwa 25 000 bis 30 000 Besucher, aber mit der Eröffnung neuer Galerien und der Ankunft außergewöhnlicher neuer Stücke hoffen wir, 40 000 zu erreichen.

Alexander Losert: Wie finanzieren Sie das Museum?

Pierre Muller: Dieses Museum wird vom Staat finanziert. Von Zeit zu Zeit hilft uns eine Spende oder ein Sponsor bei einem bestimmten Projekt.

Alexander Losert: Was ist Ihr persönliches Lieblingsstück in der Sammlung?

Pierre Muller: Hmmm. Das ist schwer zu sagen ... da gibt es drei Stücke, zwischen denen ich mich nicht entscheiden kann. Der AEC Armoured Car, der ein wirklich seltenes und ungewöhnliches Fahrzeug ist, unser Sturmgeschütz III F/8, dessen Werdegang wir genau kennen, oder unser Sherman Firefly, der wirklich elegant ist. Außerdem laufen alle drei Fahrzeuge noch mit ihren Originalmotoren.

Alexander Losert: Welche fünf Highlights in Ihrem Museum möchten Sie den Besuchern besonders empfehlen?

Pierre Muller: Das ist schwer zu beantworten. Ich würde sagen, die Vielfalt der Sammlung, das Fachwissen unserer Mitarbeiter, unser neues museologisches Konzept, unsere Motivation und die Projekte, die es uns ermöglichen, uns weiterzuentwickeln, sprechen für sich.

Alexander Losert: Welche Sonderveranstaltungen haben Sie über das Jahr verteilt?

Pierre Muller: Jedes Jahr organisieren wir Anfang Dezember das „Nuts Weekend". Wir führen der Öffentlichkeit gepanzerte Fahrzeuge vor.

Alexander Losert: Auf welchen Ebenen arbeiten Sie mit anderen Museen zusammen?

Pierre Muller: Wir sind Teil des Tanknet-Netzwerks, das einmal im Jahr die wichtigsten europäischen und amerikanischen Rüstungsmuseen zusammenbringt. Wir haben auch recht enge Kontakte und Projekte mit dem Musée des Blindés in Saumur. Die Lage Belgiens im Zentrum Europas ist zweifellos ein Vorteil.

▲ Ein SPW, der noch aufgebaut werden muss. Auch solchen Projekten widmet man sich in den Bastogne Barracks

Kleines Land – große Geschichte

Nationales Museum für Militärgeschichte Luxemburg

▲ Blick in den „Panzerpark" vor dem Museum. Der Sherman-Panzer scheint bei den meisten Museen zur Grundausstattung zu gehören.

Das Militärmuseum in Diekirch trägt offiziell den Namen „Nationales Militärgeschichtliches Museum" (Musée National d'Histoire Militaire, MNHM). Es ist eine bedeutende Institution, die sich der Bewahrung und Darstellung der militärischen Geschichte Luxemburgs widmet.

Das Museum selbst wurde 1984 gegründet und befindet sich in einem historischen Gebäude, das ursprünglich als Brauerei genutzt wurde.

Die Gründung des Museums war das Ergebnis der Bemühungen einer Gruppe von Enthusiasten und Veteranen, die die militärische Geschichte Luxemburgs dokumentieren und bewahren wollten.

Das Museum wurde im Laufe der Jahre erheblich erweitert und beherbergt heute eine umfangreiche Sammlung von Artefakten, die von der Zeit des Zweiten Weltkriegs bis zur Gegenwart reichen.

Die Sammlung des Militärmuseums in Diekirch zeigt sich beeindruckend und vielseitig. Sie umfasst Waffen, Uniformen, Ausrüstungsgegenstände, Dokumente, Fotografien und persönliche Gegenstände von Soldaten. Ein besonderer Schwerpunkt liegt auf den beiden Weltkriegen, wobei der Zweite Weltkrieg eine zentrale Rolle spielt – hier natürlich vor allem die Ardennenoffensive.

So bildet der Zweite Weltkrieg das Herzstück der Ausstellung, die eine detaillierte Darstellungen der Schlachten und Ereignisse, die Luxemburg betroffen haben bietet – insbesondere der Ardennenoffensive, die in Luxemburg als auch „Rundstedt-Offensive" bekannt ist.

◀ Der Sherman-Panzer gehört neben dem T34 zu den meistgebauten Panzern und kam auch in den Ardennen zum Einsatz.

▲ Dioramen gibt es im Museum in Luxemburgh einige zu sehen. Sie veranschaulichen das Leben der Soldaten während der Schlachten.

Zahlreiche Dioramen und rekonstruierte Szenen, die das Leben und die Kämpfe der Soldaten während dieser Zeit veranschaulichen, finden sich hier – noch dazu gut in Szene gesetzt.

Besucher können so originalgetreue Nachbildungen von Schützengräben, Feldlagern und Kampfszenen sehen, die einen lebendigen Eindruck von den Bedingungen vermitteln, unter denen die Soldaten kämpften und lebten.

Auch der Erste Weltkrieg wird im Museum behandelt. Die Ausstellung beleuchtet die Rolle Luxemburgs während des Krieges, obwohl das Land offiziell neutral war.

Zu sehen ist, wie die deutsche Besatzung das tägliche Leben der Bevölkerung beeinflusste und wie Luxemburger in ausländischen Armeen kämpften. Artefakte aus dieser Zeit, darunter Uniformen, Waffen und persönliche Gegenstände von Soldaten, geben einen tiefen Einblick in die Erfahrungen der Menschen während dieses globalen Konflikts.

National Museum of Military History

Adresse: Diekirch 10, Rue Bamertal, L-9209 Diekirch
Telefon: +352 (0)80 89 08
Internet: www.mnhm.net
Behindertengerecht: nein
Email: reception@mnhm.lu
Restaurant/Café: nein
Öffnungszeiten: Montag geschlossen, Dienstag – Sonntag 10 – 18 Uhr.
Preise: 5 € Erwachsene (18 Jahre und älter), 3 € Jugendliche (10 – 18 Jahre), Kinder unter 10 Jahren frei.

Neben den beiden Weltkriegen widmet sich das Museum auch dem Kalten Krieg und den modernen militärischen Einsätzen, an denen Luxemburg beteiligt war.

Hinzu kommen wechselnden Sonderausstellungen. Das Museum organisiert auch zahlreiche Veranstaltungen, darunter Vorträge, Führungen und Gedenkfeiern und widmet sich auch der Bildungsarbeit.

Diese Aktivitäten tragen dazu bei, die militärischen Geschichte zu bewahren und auch neue Zielgruppen anzusprechen, zu fördern und das Bewusstsein für die historischen Ereignisse zu schärfen, die Luxemburg und die Welt geprägt haben.

▲ Jagdpanzer 38 (t) „Hetzer“ in der luxemburgischen Sammlung in Diekirch.

Und natürlich finden sich auch Fahrzeuge und Panzer in dem Museum. Auffällig: Auch hier findet sich ein Jagdpanzer 38 „Hetzer“. In fast jedem Museum, das ich besucht habe, findet sich ein Exemplar dieses Typs.

Aber auch der kleine „Panzerpark“ (u. a. mit einem Sherman) lässt schon darauf schließen, wo das Museum seinen Schwerpunkt setzt.

Das Militärmuseum in Diekirch ist ein unverzichtbares Ziel für alle, die sich für die Militärgeschichte und die Rolle Luxemburgs in den Weltkriegen und darüber hinaus interessieren. Auch wenn es nicht über viele Fahrzeuge verfügt, so sind die vorhandenen doch allemal einen Besuch wert, vor allem wenn man in der Region unterwegs ist und auf den Spuren der Ardennenoffensive wandeln möchte.

◀ Neben den deutschen Fahrzeugen beherbergt Diekirch auch einige an seltenen amerikanischen Fahrzeugen.

Das größte Militärmuseum der Schweiz

Schweizerisches Militärmuseum Full

© Dr. Thomas Hug

© Dr. Thomas Hug

▲ Ein Matilda-Panzer wird entladen. Nachdem Thun seine Tore schloss, kamen die meisten Stücke nach Full.

Normalerweise sollte an dieser Stelle ein anderes Museum der Schweiz stehen: Thun. Schließlich war diese Einrichtung über die Grenzen der Schweiz hinaus bekannt. Doch Thun – so schmerzlich es auch sein mag – gehört der Vergangenheit an. Im November 2023 wurde bekannt, dass das Museum geschlossen wird. Die wichtigste Frage, die sich daraus ergab, war natürlich: Was passiert mit den ganzen Fahrzeugen? Die gute Nachricht ist, dass diese der Schweiz erhalten bleiben. Die teils einzigartigen Exponate ziehen – um und zwar von Thun nach Full, um die dortige Sammlung zu ergänzen. Das ist natürlich ein gewaltiges Vorhaben, das, während dieses Buch entsteht, noch nicht abgeschlossen ist. Die ersten Schritte (Erwerb von Bauland für neue Hallen und die Projektierung) sind schon erfolgt, doch noch liegt ein weiter Weg vor den Machern in Full. Nicht zuletzt müssen auch einige Restaurationsarbeiten ausgeführt werden, bevor die Fahrzeuge in ihre neuen Hallen einziehen können. Die Kosten für dieses auf rund zwei Jahre angelegte Projekt gehen in die Millionen, ein großer Teil soll über Spenden finanziert werden.

Bereits die Pläne für die Erweiterung in Full lassen das Herz jedes Panzerenthusiasten höher schlagen. Und die Geschichte des Museums selbst ist nicht weniger interessant: Los ging es mit der Gründung des „Verein zur Förderung eines wehrtechnischen Museums". Thomas Hug, der auch das unten folgende Interview beisteuerte, gründete mit einigen Freunden diesen Verein, der zur Keimzelle des Museums werden sollte. Dabei will Full viel mehr sein als nur ein einfaches Militärmuseum.

Im Jahr 1989 entstand an dieser Stelle zunächst das Festungsmuseum Reuenthal, bevor ab dem Jahr 1998 der Aufbau des Militärmuseums in Full begann. Man begann zunächst mit einer einzigen Museumshalle (die mittlerweile als Werkstattgebäude dient), um die ersten Fahrzeuge auszustellen. Im Jahr 2004 war es dann so weit: das

◄ German Power: Ein Leopard darf in Full natürlich auch nicht fehlen.

© D-. Thomas Hug

▲ Wie sich die Bilder der Museen doch gleichen: Panzer neben Panzer neben Panzer.

Schweizerische Militärmuseum Full öffnete seine Pforten. Als Träger fungiert der eigens gegründete „Verein Militär- und Festungsmuseum Full-Reuenthal“, der die Einrichtungen unter einem Dach vereint. Mittlerweile gliedern sich die Aktivitäten des Vereins auf die folgenden Sparten: Festungsmuseum Reuenthal (FMR), Militärhistorische Anlagen Kanton Aargau (MHA) und Schweizerisches Militärmuseum (SMM).Von Anfang war die stete Erweiterung des Museums und seiner Aktivitäten angedacht. Gemeinsam mit der Sammlung aus Thun wächst Full nun zu einem neuen Anziehungspunkt für alle Panzerfreunde heran.

Dabei verfügte Full bereits vor der Fusion der beiden Sammlungen über einige interessante Stücke.

Das Museum zeigt Panzer, Artillerie-, Fliegerabwehr- und Panzerabwehrgeschütze. Dabei beschränkt man sich nicht nur auf Exponate der Schweizer Armee, man zeigt auch viele interessante Exponate anderer Armeen aus dem 20. Jahrhundert. Besonders hervorzuheben ist die vollständige Werksammlung des ehemaligen Waffenherstellers Oerlikon-Bührle, die vor allem Fliegerabwehr- und Flugzeugwaffen umfasst.

Hinzu kommen natürlich auch weitere Gerätschaften deutschen Ursprungs, etwa eine V 1, ein „Königstiger“ oder Jagdpanzer. Ähnlich interessant geht es in der Ausstellung weiter: Auf diversen Etagen befinden sich unterschiedliche Galerien, die

Schweizerisches Militärmuseum Full

Adresse: General Guisan-Strasse 1, CH-5324 Full

Tel.: +41 (0) 62 772 36 06

Internet: www.festungsmuseum.ch

Email: info@festungsmuseum.ch

Preis: Erwachsene 15 CHF, Kinder (6 – 16 Jahre) und Militär in Uniform 6 CHF.

Öffnungszeiten: April bis Oktober, Freitag bis Sonntag von 10 – 17 Uhr.

▶ Eine Tankette aus der Zeit des Zweiten Weltkriegs im Einsatz bei einer öffentlichen Veranstaltung in Full.

© Dr. Thomas Hug

u. a. diverse Themen der Schweizer Armee illustrieren. Gezeigt werden unter anderem eine Munitionsausstellung, eine Ausstellung über das Thema Übermittlungs- und Chiffriertechnik, sowie über die Kampftaucher der Schweizer Armee. Und auch neben dem normalen Museumsbetrieb bietet Full einiges an Attraktionen: Einmal im Jahr führt das Museum eine große Sonderveranstaltung mit thematischen Marktständen, Verpflegungsständen und einem Vorführdisplay diverser Militärfahrzeuge aus der eigenen Sammlung und von angereisten Exponaten durch. Hinzu kommen die sogenannten Panzersamstage im Militärmuseum Full. An diesen besonderen Tagen können Besucher einzelne Fahrzeuge von Innen besichtigen und fachkundige Erklärungen bekommen. Einige der Fahrzeuge sind zudem fahrbereit und sind bei entsprechendem Wetter und passenden Anlässen auch in Aktion zu sehen.

Top Fünf:

1. **Panzerjäger R35** (f)
2. **Jagdpanther**
3. **Panther**
4. **Staghound**
5. **Centurion Mark III**

© Dr. Thomas Hug

▶ Fahrende Panzer ziehen Besucher an und sorgen dafür, dass die Sammlungen weiter erhalten werden können.

Interview mit Dr. Thomas Hug

Position: Präsident Schweizerisches Militärmuseum Full

Alexander Losert: Was macht für Sie die Faszination von Panzerfahrzeugen aus?

Dr. Thomas Hug: Unser Museum zeigt Militärtechnik und -geschichte insbesondere des 20. Jahrhunderts. Unter dem Motto „Bedrohung von außen – Wehrbereitschaft der Schweiz“ waren und sind Panzer wesentliche Mittel des militärischen Angriffs und der Abwehr ausgestellt.

Alexander Losert: Worin sehen Sie die Aufgabe des Museums?

Dr. Thomas Hug: Vermittlung von Geschichte und Technik anhand der ausgestellten Objekte

Alexander Losert: Was ist das Besondere an diesem Museum?

Dr. Thomas Hug: Die Fülle, die unterschiedliche Herkunft und die Verschiedenheit der ausgestellten Panzerfahrzeuge. Neben der kompletten Reihe der Schweizer Panzer von 1939 bis heute, eingeschlossen Prototypen und die vollständige Werksammlung der Schweizer Firma MOWAG, werden zahlreiche Panzer ausländischer Armeen aus der Zeit des Zweiten Weltkriegs und des Kalten Kriegs gezeigt. Es bleibt aber nicht bei der Präsentation toter Materie: An den monatlichen Panzersamstagen und am Jahresevent „Panzerweekend" werden Panzer auf dem Freigelände in Aktion vorgeführt und für Besucherinnen und Besucher besteht die Gelegenheit die Fahrzeuge von innen sehen zu können und mitzufahren.

Alexander Losert: Was denken Sie, fasziniert Menschen an diesen Maschinen?

Dr. Thomas Hug: Panzer sind Mittel der Einschüchterung, der Macht und des gewaltsamen Angriffs. Die schiere Größe, das Gewicht und das martialische Aussehen, verbunden mit Beweglichkeit und Feuerkraft, aber auch die Verwendung der Panzer in konkreten Konflikten der Geschichte beeindrucken und faszinieren die Menschen.

Alexander Losert: Wie kann man mit Panzern Menschen die Geschichte näherbringen?

Dr. Thomas Hug: Den einzelnen Panzern sind Verwendung und Einsätze in Kriegen und Konflikten gegenüberzustellen. Konkrete Beschreibungen und Dokumentationen der Einsätze, vor allem aber auch Schilderungen von Zeitzeugen vermitteln Geschichte, die weitaus mehr aussagt als die bloße Nennung technischer Daten.

Alexander Losert: Panzer werden für den Krieg gebaut. Wie würden Sie die Rolle des Museums in diesem Zusammenhang beschreiben?

Dr. Thomas Hug: Man soll „das Kind beim Namen nennen". Es gilt nichts zu beschönigen und Rolle und Einsatz der Panzer so zu schildern, wie dies den Tatsachen entspricht. In der Schweiz sind wir in der glücklichen Lage, dass unsere eigenen Panzer ausschließlich für den Verteidigungsfall bestimmt waren.

Alexander Losert: Erinnerung? Technikgeschichte? Verstaubte Relikte? Wie würden beschreiben, was die Menschen hier sehen?

Dr. Thomas Hug: Tatsächlich stellen Panzer vergangener Epochen Relikte der damaligen Geschichte, Erinnerungsstücke und Beispiele des jeweiligen Standes der Technik dar. Als stählerne Zeugen der Geschichte ihrer Zeit, im Museum belebt mit der Schilderung ihrer Einsätze und der Menschen ihrer Besatzungen, faszinieren sie Menschen mehr als alle anderen militärhistorischen Objekte.

Alexander Losert: Welchen Panzer hätten Sie gerne noch in der Sammlung – und warum?

Dr. Thomas Hug: Den Britischen Kampfpanzer der Baureihe Mark I bis V aus den Jahren 1916–1918, den ersten Kampfpanzer der Militärgeschichte

Alexander Losert: Wegen welcher Fahrzeuge kommen die meisten Besucher zu Ihnen ins Museum?

Dr. Thomas Hug: Panzer des Zweiten Weltkrieges, insbesondere deutsche Panzer, ziehen zahlreiche Besucherinnen und Besucher an.

Alexander Losert: Wie setzten sich Ihre Besucher zusammen?

Hug: Unsere Besucherinnen und Besucher sind bunt durchmischt. Familien mit Kindern, Vereine, Firmen, Militärpersonen, aber auch militärtechnisch Interessierte aus dem In- und Ausland.

Alexander Losert: Wie viele Besucher zählt Ihre Einrichtung pro Jahr?

Dr. Thomas Hug: Während der Museumsöffnungszeit von Anfang April bis Ende Oktober rund 15 000 Personen.

Alexander Losert: Wie finanzieren Sie das Museum?

Dr. Thomas Hug: Einkünfte aus Eintritten, Museumsshop, Restaurant, Großevents, Spenden und Beiträgen des Fördervereins.

Alexander Losert: Was ist Ihr persönliches Lieblingsstück in der Sammlung?

Dr. Thomas Hug: Der Deutsche schwere Kampfpanzer Tiger II „Königstiger“

Alexander Losert: Was sind für Sie die fünf Highlights in Ihrem Museum?

Dr. Thomas Hug: Die Sammlung deutscher Panzer des Zweiten Weltkriegs vom Sturmgeschütz bis zum Königstiger, der Deutsche 4,7 cm-Panzerjäger auf Renault 35-Wanne als weltweit einziges Exemplar, die komplette Reihe der Schweizer Panzer 1939 bis 2000, die Sammlung russischer Panzer vom T-34 bis zum T-72 und die komplette Werksammlung gepanzerter Fahrzeuge der Firma MOWAG, Kreuzlingen.

Alexander Losert: Welche Sonderveranstaltungen haben Sie über das Jahr verteilt?

Dr. Thomas Hug: Das einmal jährlich stattfindende „Panzerweekend“, eine Großveranstaltung mit Panzern in Aktion und verschiedenen Attraktionen für die Besucherinnen und Besucher im Freigelände, sowie, ab April bis Oktober jeden ersten Samstag im Monat der „Panzersamstag“, an dem ein Panzer außen und innen vorgestellt wird

Alexander Losert: Auf welchen Ebenen arbeiten Sie mit anderen Museen zusammen?

Dr. Thomas Hug: Wir sind aktives Mitglied im „Tanknet“, der Vereinigung der großen Panzermuseen weltweit. Daneben gibt es einen regen Erfahrungsaustausch, sowie den Tausch von Panzern und Kooperation in der Teilebeschaffung mit verschiedensten ausländischen Panzermuseen.

Panzer in Halle und Garten

Das Heeresgeschichtliche Museum Wien

© HGM / Brödl

◄ Praktische Vorführungen ziehen immer wieder Menschen an, wie bei diesem Flakpanzer.

▲ Das Hauptgebäude des HGM. Hier wird Geschichte lebendig an historischem Ort. Wichtig: Eine Menge Zeit mitbringen – es lohnt sich.

Wer sich für die Militärgeschichte Österreichs interessiert, der kommt am Heeresgeschichtlichen Museum – Militärhistorisches Institut Wien, oder kurz HGM, nicht vorbei. In der Hauptstadt der Alpenrepublik findet sich eine der weltweit größten und umfangreichsten Sammlungen mit militärischem Schwerpunkt. Darüber hinaus ist die Einrichtung das militärhistorische Museum des österreichischen Bundesheeres, das auch das Erbe der Armeen aus vorangegangenen Jahrhunderten verwaltet. Das Museum untersteht direkt dem Bundesministerium für Landesverteidigung und ist nicht wie andere Einrichtungen an die österreichischen Bundesmuseen angegliedert.

Der Besucher wird überwältigt von der Masse an Gemälden, Waffen, Dokumenten, technischen Artefakten und vielen anderen Exponaten. Deswegen sollte man in jedem Fall genug Zeit einplanen, um sich der ganzen Sammlung widmen zu können.

Das Gelände des HGM umfasst das ehemalige Arsenal von Wien dar, das bereits zur Mitte des 19. Jahrhunderts in ein Museum umgewidmet wurde. Hier versammelte man Exponate aus anderen thematisch ähnlichen Sammlungen des Landes, um sie an einem gemeinsamen Ort präsentieren zu können.

Das zunächst als Waffenmuseum geplante Gebäude im Stil des Historismus (mit byzantinischen und venezianischen Schmuckelementen) wurde äußerlich im Jahr 1856 fertiggestellt. Zu Beginn als reine Waffen- und Trophäensammlung angelegt, wuchsen die Ausstellungsfläche und die Sammlung stetig an – darunter befinden sich heute einzigartige Stücke wie der Wagen des Erzherzogs Franz Ferdinand, in dem er 1914 in Sarajewo erschossen wurde. Die Tatwaffe befindet sich ebenfalls in der Sammlung.

Das Museum überstand auch den Zweiten Weltkrieg und die Schlacht um Wien – wenn auch nicht unbeschadet – und konnte nach umfangreichen Reparaturarbeiten

▲ Vor allem wenn das Museum seine fahrbereiten Panzer (hier ein T-55) präsentiert, lockt es viele Menschen an, die sich das nicht entgehen lassen wollen.

1955 wieder eröffnen. Heute beherbergt das HGM auch einiges an Großgerät – wenn auch etwas versteckt.

Hinter dem Museumsgebäude befindet sich der sogenannte Panzergarten. Hier sind einige der wichtigsten Panzer des nach dem Ende des Zweiten Weltkrieges aufgestellten neuen österreichischen Bundesheeres zu finden. Wer sich wundert, dass hier vor allem amerikanische Muster stehen, der sollte wissen, dass das Bundesheer, ähnlich wie die Bundeswehr, zunächst aus Beständen der US Army ausgerüstet wurde und erst später auf eigene Entwicklungen setzte.

Auffällig ist, dass der Schwerpunkt der Sammlung nicht auf Technik des Zweiten Weltkriegs liegt. Stattdessen hat man sich der moderneren Technik verschrieben, ein interessanter Kontrast zu anderen Einrichtungen.

Heeresgeschichtliches Museum– Militärhistorisches Institut

Adresse: Arsenal, Objekt 1, A-1030 Wien
Internet: www.hgm.at
Email: contact@hgm.at
Öffnungszeiten: täglich von 9 – 17 Uhr
Panzerhalle: jeden ersten Sonntag des Monats von 10 – 16 Uhr. Ausgenommen 1. Wochenende im Dezember (Adventmarkt)
Geschlossen an folgenden Feiertagen: 1. Januar, Ostersonntag, 1. Mai, 1. November, 24. Dezember ab 14 Uhr, 25. und 31. Dezember.

Telefon: +43 (0) 5020110-60 301
Behindertengerecht: ja
Restaurant/Café: ja
Fläche: ca. 5000 m^2
Preis: 7 €, ermäßigt 5 €
An jedem ersten Sonntag im Monat ist der Eintritt für alle Besucher:innen frei!

▲ Neben Panzern sind auch Motoren ausgestellt, so dass man das Herz der Maschinen genauer unter die Lupe nehmen kann.

▲ Der „Burstyn" – das gepanzerte Motorgeschütz dürfte wohl das technische Highlight sein, auch wenn die Briten als Erfinder des modernen Panzers gelten.

Ganz kann man aber auch hier nicht auf Weltkriegsveteranen verzichten, wie der T-34, der Jagdpanzer SU 100 und einige amerikanische Panzer beweisen. Die sonstigen „üblichen Verdächtigen", wie den Panther oder dergleichen sucht man dagegen vergeblich.

Etwas abseits und ein paar Minuten vom Hauptgebäude entfernt findet sich zudem auch noch die sogenannte „Panzerhalle" – und der Name ist sogar Programm und historisch begründet.

Das historische Gebäude des Objekts 13 im Wiener Arsenal entstand im Jahr 1936 als Kraftfahrgarage und beherbergt heute mehr als 30 Panzerfahrzeuge, die die Entwicklung dieser Waffengattung dokumentieren.

▲ Kette an Kette, Panzerung an Panzerung: Blick in einen Teil der Panzerhalle, der vielen das Herz wohl höher schlagen lassen dürfte.

© HGM / Brödl

▲ Was für ein Bild: Kraft, Beweglichkeit und Feuerkraft. So etwas sieht man in Wien, wenn das HGM bzw. die Panzerhalle ihre Panzer los lässt (hier ein M60A1)..

Fünf Highlights

1. Das gepanzerte Motorgeschütz von Oberleutnant Gunter Burstyn. Schon im Jahr 1911 erhielt er ein Patent dafür, doch setzte sich sein Entwurf nicht durch. Hier erkennt man aber schon die Richtung, in die es gehen sollte, auch wenn die Briten am Ende das Verdienst für sich in Anspruch nahmen
2. Der Prototyp des Schützenpanzers Saurer gehört ebenfalls zu den besonderen Exponaten, markiert dieser Panzer doch den Beginn des österreichischen Panzerbaus nach dem Zweiten Weltkrieg.
3. Der Jagdpanzer Kürassier, der nun nach und nach ausgemustert wird stellt ebenfalls einen Meilenstein dar. Auch ein Prototyp befindet sich in Wien. Zudem nutzen auch andere Länder diesen Panzer, der auch anderweitig (wie als Aufklärer) zum Einsatz kommen kann.
4. Der Radpanzer Pandur (in Wien als Sanitätsversion ausgestellt), der eine Vielzahl von Aufgaben erfüllen kann und schon im Einsatz erprobt wurde.
5. Der Kampfpanzer M60, weil der größte und schwerste Panzer der Sammlung ist und noch viele Nationen diesen Panzer in ihren Beständen haben

Weitere Ausstellungen widmen sich dem Thema der „Panzerabwehr“, der entsprechenden Munition oder den Motoren, die den schweren Kolossen Leben einhauchen

Die Panzerhaubitze M109, der Schützenpanzer M21 oder der leichte Kampfpanzer M24 gehören ebenfalls zu den sehenswerten Fahrzeugen in dieser Sammlung.

Störend wirkt einzig die Enge in der Panzerhalle Aber so lässt sich hier buchstäblich alles auf kleinstem Raum erleben. Der Besuch lohnt sich in jedem Fall.

Interview mit Ing. Franz Brödl

Position: Stv. Sammlungsleiter

Alexander Losert: Weshalb präsentieren Sie Panzerfahrzeuge in Ihrem Museum?

Franz Brödl: Da die mechanisierten (gepanzerte) Truppen ein wesentlicher Bestandteil der Österreichischen Streitkräfte sind und waren, ist deren Darstellung auch im Heeresgeschichtlichen Museum ein wesentlicher Teil.

Alexander Losert: Worin sehen Sie die Aufgabe des Museums?

Franz Brödl: Im bewahren, kontextualisieren und ausstellen von historischen Objekten in einem größeren geschichtlichen Zusammenhang.

Alexander Losert: Was ist das Besondere an diesem Museum?

Franz Brödl: Als Museum der Österreichischen Streitkräfte zeigen wir die, doch in vielen Bereichen sehr spezielle Entwicklung der gepanzerten Truppen eines neutralen Landes, das aufgrund seiner Positionierung zwischen den ehemaligen Machtblöcken des Kalten Krieges, große Anstrengungen für einen eigenständigen Weg auch in der Verwendung und Produktion von gepanzerten Fahrzeugen getätigt hat.

Alexander Losert: Was denken Sie, fasziniert Menschen an diesen Maschinen?

Franz Brödl: Einerseits sicherlich die Technik der gepanzerten Fahrzeuge , aber andererseits sicherlich auch die Tatsache, dass man diesen Kolossen im täglichen Leben nicht begegnet.

Alexander Losert: Wie kann man mit Panzern Menschen die Geschichte näherbringen?

Franz Brödl: Anhand der Entwicklung von gepanzerten Fahrzeugen, lassen sich die Konflikte des 20. Jahrhunderts als Aktion und Reaktion darstellen.

Alexander Losert: Panzer werden für den Krieg gebaut. Wie würden Sie die Rolle des Museums in diesem Zusammenhang beschreiben?

Franz Brödl: Der Leitspruch des Heeresgeschichtlichen Museums lautet: „Kriege gehören ins Museum". Dieser gilt natürlich auch für die Panzersammlung unseres Hauses.

Alexander Losert: Erinnerung? Technikgeschichte? Verstaubte Relikte? Wie würden Sie aus ihrer Sicht beschreiben, was die Menschen hier sehen?

Franz Brödl: Gezeigt wird die Entwicklung ausgehend von der Idee des Motorgeschützes von Gunther Burstyn 1911 bis zu den modernen Systemen wie dem Leopard 2.

Die Panzerhalle des Heeresgeschichtlichen Museums bietet hierbei einen Überblick über die Entwicklung der gepanzerten Verbände Österreichs. Dies dient auch der Erinnerung an jene Einheiten, die bereits vor langem aufgelöst wurden, um diese nicht dem Vergessen preiszugeben.

Die ausgestellten Objekte sind aber auch ein Spiegelbild der Leistungen der österreichischen Wehrtechnik und jener Menschen, die diese Fahrzeuge gebaut und betrieben haben.

▲ Einträchtig stehen die Fahrzeuge nebeneinander in der „Panzerhalle", die aber andere (kürzere) Öffnungszeiten als das normale HGM hat.

Alexander Losert: Welchen Panzer hätten Sie gerne noch in der Sammlung – und warum?

Franz Brödl: 1936 wurde in Österreich der Kleinkampfwagen Fiat Ansaldo CV 33/35 in die Streitkräfte eingeführt. Die Aufstellung eines Kampfwagenbataillons, ausgerüstet mit diesen Kleinkampfwagen, markiert den organisatorischen Beginn der österreichischen Panzertruppe. Da keines dieser Fahrzeuge in Österreich erhalten geblieben ist, würde ein Fiat Ansaldo CV 33/35 eine wesentliche Lücke in unserer Sammlung schließen.

Alexander Losert: Wegen welcher Fahrzeuge kommen nach Ihrer Einschätzung die meisten Besucher zu Ihnen ins Museum?

Franz Brödl: Aus meiner Sicht sind dies ganz unterschiedliche Fahrzeuge, die Besucher bewegen, die Panzerhalle des Heeresgeschichtlichen Museums zu besuchen. Aufgrund der derzeitigen weltweiten Konflikte wurden gepanzerte Fahrzeuge wieder mehr in das öffentliche Interesse gerückt. Besonders hervorzuheben ist dabei das Interesse der Besucher am Kampfpanzer Leopard 2. Ehemalige Angehörige der österreichischen Panzertruppe kommen natürlich auch um „Ihr" Fahrzeug zu sehen, zu dem man einen persönlichen Bezug hatte.

Alexander Losert: Wie setzten sich Ihre Besucher demografisch zusammen?

Franz Brödl: Der Zuspruch zur Panzerhalle des Heeresgeschichtlichen Museums ist bei allen Altersgruppen sehr hoch, bemerkbar ist ein hohes Interesse an jungen Besuchern.

Alexander Losert: Wie viele Besucher strömen jährlich zu Ihnen?

Franz Brödl: Das Heeresgeschichtliche Museum in Wien zählt jährlich ca. 240 000 Besucher.

In der Panzerhalle konnten an den Öffnungstagen, dies waren jeweils Samstag und Sonntag, rund 25 000 Besucher begrüßt werden.

Alexander Losert: Wie finanzieren Sie das Museum?

Franz Brödl: Das Heeresgeschichtliche Museum ist Teil des Bundesministeriums für Landesverteidigung und liegt daher in dessen budgetärer Verantwortung

Alexander Losert: Was ist Ihr persönliches Lieblingsstück in der Sammlung?

Franz Brödl: Mein persönliches Lieblingsstück in der Sammlung ist das 1:1 Modell des Motorgeschützes des österreichischen Offiziers und Konstrukteurs Gunther Burstyn, eine ihrer Zeit weit vorauseilende Konstruktion, die aufgrund einer skeptischen Militärführung nie gebaut wurde. Die Idee des Burstyn Motorgeschützes markiert den Beginn einer Entwicklung die im modernen Kampfpanzer mit den Kriterien Beweglichkeit-Feuerkraft-Schutz und Führbarkeit derzeit ihren Höhepunkt findet.

Alexander Losert: Was sind für Sie die fünf Highlights in Ihrem Museum?

Franz Brödl: Das Modell den Burstynschen Motorgeschützes aus 1911, der einzig gebaute Prototyp des österreichischen Schützenpanzers der Firma Saurer, der Kampfpanzer M4 „Sherman", der österreichische Jagdpanzer „Kürassier" und der Kampfpanzer M60A3.

Alexander Losert: Auf welchen Ebenen arbeiten Sie mit anderen Museen zusammen?

Franz Brödl: Im Bereich der Sammlung von gepanzerten Fahrzeugen ist das Heeresgeschichtliche Museum mit anderen Museen mit ähnlichen Sammlungen, im sogenannten Tank-Net-Meeting vernetzt. Durch den gegenseitigen Austausch von Leihen erfolgt eine intensive Kooperation mit anderen Museen und Sammlungen.

◄ Auch Sanitätspanzer (hinten) oder leichtere, gepanzerte Fahrzeuge kann man in Wien sehen und vor allem auch nahe heran. Nur das Fotografieren ist wegen der Enge etwas herausfordernd.

Skandinaviens größte Privatsammlung

Panzer Museum East, Slagelse

© Allan Pedersen

Es gibt Menschen, die meinen, in Skandinavien fänden sich keine guten Panzermuseen. Doch sie irren sich! In den nordischen Ländern finden sich sogar einige davon. Und das größte in privater Hand ist das Panzermuseum East Slagelse.

Hier findet sich eine stattliche Anzahl von Militärfahrzeuge aus der Zeit des Kalten Krieges in Form von Panzern, gepanzerten Fahrzeugen, Motorrädern und Flugzeugen.

Hier eine kleine Auswahl an Fahrzeugen, die man in Dänemark bewundern kann, unter denen auch meine „Top Fünf" zu finden sind (**gefettet**):

- T-72: In tschechoslowakischer Lizenz gebauter sowjetischer Panzer. Dänemarks größter Panzer in Privatbesitz.
- **T-55 AM2**: In ungarischer Lizenz gebauter sowjetischer Panzer.
- BMP-1: Sowjetischer amphibischer Schützenpanzer.
- OT-90: Sowjetischer amphibischer Schützenpanzer.
- SNAR-10: Sowjetisches Langstreckenradar-Feuerleitgerät. Auf MT-LB-Fahrgestell.
- FV432 MK2: Englischer gepanzerter Mannschaftstransportwagen.
- FV439: Englischer gepanzerter Funk- und Bakenwagen.
- **T-34/85**: Sowjetischer Panzer aus dem Jahr 1943.
- **Gvozdika 2S1**: Sowjetische 122 mm-Selbstfahrlafette.
- 2P24: Startrampe des Systems Krug 2K11 für die Boden-Luft-Rakete 3M8, NATO-Name: SA-4 Ganef.
- 1S12: Suchradar im System Krug 2K11, NATO-Name: P-40 Long Track
- **PT-76**: Sowjetisches amphibisches Angriffsfahrzeug.
- OT64-SKOT R2M: Tschechoslowakisches/polnisches amphibisches Führungsfahrzeug.
- BRDM 2-9P131: Sowjetisches amphibisches Raketenfahrzeug mit AT-3-Raketen. NATO-Bezeichnung: Sagger.

▲ Das Museum von Allan Pedersen ist die größte private Sammlung mit diesem Hintergrund, die man in ganz Skandinavien finden kann.

© Allan Pedersen

▲ Vor allem auch Gerät aus der Zeit des Kalten Krieges bildet einen Kern der Sammlung, wie dieser sowjetische Panzer des Typs T-72 zeigt.

plettes Krankenhaus, eine Bäckerei, ein Kleiderdepot, Bildungseinrichtungen, sonstige Technik, Propagandadokumente und vieles mehr.

Alexander Losert: Was denken Sie, fasziniert Menschen an diesen Maschinen?

Pedersen: Die Größe und die Tatsache, dass all das dazu gedacht ist, uns vor einem bestimmten Feind zu schützen.

Alexander Losert: Wie kann man Panzer nutzen, um Menschen die Geschichte näherzubringen?

Pedersen: Panzer tragen mit ihren technischen Eigenschaften und der Tatsache, dass Panzer fast immer in Kriegen eingesetzt werden, zum Geschichtsverständnis bei.

Alexander Losert: Panzer werden für den Krieg gebaut. Wie würden Sie die Rolle des Museums in diesem Zusammenhang beschreiben?

Pedersen: Wir vermitteln Kriegsgeschichte (im Panzermuseum Ost nur Kalter Krieg) und seit die ersten Panzer entwickelt wurden, wurden sie sowohl zur Verteidigung als auch zum Angriff eingesetzt.

Alexander Losert: Erinnerung? Technikgeschichte? Verstaubte Relikte? Wie würden Sie beschreiben, was die Menschen hier sehen?

Pedersen: Im Panzermuseum Ost erleben die Besucher, welche militärische Ausrüstung der WAPA (Warschauer Pakt) bei einem Angriff der Sowjetunion eingesetzt hätte. Während des Kalten Krieges gab es in Osteuropa eine gewaltige Kriegsmaschinerie, darunter Atomwaffen, die viel größer waren als in Westeuropa, also hätte uns das vielleicht alle umbringen können.

Alexander Losert: Welchen Panzer hätten Sie gerne noch in der Sammlung – und warum?

Pedersen: Ich möchte gerne einen T-80 zeigen, da dies der modernste sowjetische Panzer ist, der während des Kalten Krieges in Russland produziert wurde.

Alexander Losert: Wegen welcher Fahrzeuge kommen nach Ihrer Einschätzung die meisten Besucher zu Ihnen ins Museum?

Pedersen: Die Besucher sind sehr beeindruckt von all unseren Ausstellungen, aber natürlich besteht immer großes Interesse am T-72, dem BMP mit Maljutka und unseren großen Raketensystemen, dem Krankenhaus, der Bäckerei und vor allem unserem MI-24-Hubschrauber.

Alexander Losert: Wie setzten sich Ihre Besucher demografisch zusammen?

Pedersen: Es kommen generell Menschen mit einem besonderen Interesse an kriegsgeschichtlichen Themen, daneben Familien und verschiedene Gruppen, besonders aus Militärinstitutionen.

Alexander Losert: Wie viele Besucher kommen jedes Jahr zu Ihnen?

Pedersen: 25 000 – 30 000, davon viele aus dem Ausland.

Alexander Losert: Wie finanzieren Sie das Museum?

Pedersen: Das Museum ist zu 100 Prozent in Privatbesitz und erhält keine Gelder, Spenden oder staatliche Subventionen.

Alexander Losert: Was ist Ihr persönliches Lieblingsstück in der Sammlung?

Pedersen: Ich interessiere mich für alle meine Sachen, aber besonders angetan haben es mir der T-72, das Krug-System, der BRDM2, der MI-24 und der OT-90.

Alexander Losert: Welche fünf Highlights in Ihrem Museum möchten Sie den Besuchern besonders empfehlen?

Pedersen: Den T-72, das Krug-System, die MI-24 Hind, den BMP und das Krankenhaus.

Alexander Losert: Welche Sonderveranstaltungen haben Sie über das Jahr verteilt?

Pedersen: Die sehr beliebte internationale Veranstaltung „Military Days" jedes Jahr am zweiten Wochenende im September.

Alexander Losert: Auf welchen Ebenen arbeiten Sie mit anderen Museen zusammen?

Pedersen: Ich arbeite mit einigen historischen Fahrzeugsammlungen der dänischen Verteidigung zusammen und mit einem einzigen dänischen privaten Militärmuseum (dem Egholm Museum), das sich auf den Zweiten Weltkrieg und die Zeit davor konzentriert.

© Allan Pedersen

▲ Auf dem Rundgang kommt man nah an die Exponate heran – und auch für die Kinder wird viel geboten.

Raritäten aus dem Krieg

Panssarimuseo – Finnisches Panzermuseum Parola

Die Sammlungen des Panssarimuseo (Parola Armour Museum) sind einzigartig auf der Welt. Man sollte nicht glauben, was alles in dem kleinen Ort in Südfinnland zu finden ist. Beispielsweise gibt es außerhalb Russlands keine derart umfassende Sammlung sowjetischer Panzer. Neben anderen raren Typen lockt etwa der BT-42, eine finnische Eigenentwicklung, die auf der sowjetischen BT-Serie beruht, Besucher aus aller Welt an.

Gegründet im Jahr 1961, umfasst die aktuelle Sammlung etwa 70 gepanzerte Fahrzeuge, 40 Panzerabwehrwaffen und einen Panzerzug. Die „Parola Armor Museum Foundation" verwaltet das Museum. Schwerpunktmäßig konzentriert man sich auf die Geschichte, Entwicklung und den Einsatz der finnischen Panzer- und Panzerabwehrtruppen im unabhängigen Finnland.

Die Zahl der Kleinausstellungen und Archivalien ist riesig. Das Museum verwaltet auch viel Material, das von Panzerveteranen weitergegeben wurde. Die Ausstellungsräume sind – bis auf wenige Ausnahmen – das ganze Jahr über geöffnet.

Die Dauerausstellung des Museums präsentiert das kulturelle Erbe der finnischen Panzer- und Panzerabwehrtruppen. In verschiedenen Ausstellungshallen und im Außenbereich wird der Verlauf der Geschichte chronologisch dargestellt, der Parcours der ausgestellten Panzerfahrzeuge beginnt mit dem Renault-Panzer von 1917 und endet mit dem heutigen Kampfpanzer Leopard 2A4 und dem modularen Fahrzeug Patria AMV.

Bei der Panzerabwehr konzentriert man sich auf die Zeit von den 1930er-Jahren bis hin zur Gegenwart. Die Hauptausstellungshalle erzählt die Geschichte der Zeit vor dem Zweiten Weltkrieg und den finnischen Kriegen von 1939 bis 1945. In den Ausstel-

▲ Ein T34 in finnischen Diensten. Das Hakenkreuz ist hier nicht deutscher, sondern finnischer Herkunft.

◄ Panzer im Schnee. Vor allem der russisch-finnische Winterkrieg spielt für die Finnen eine immens große Rolle – erst recht vor den aktuellen Ereignissen.

▲ Besucheransturm im Museum. Es gehört zu den besten seiner Art in Finnland und hat eine umfangreiche Sammlung an verschiedenen Fahrzeugen, auch deutscher Herkunft, wie man im Hintergrund sieht.

lungsvitrinen werden persönliche Geschichten aus dem Krieg sowie dazugehörige Militäruniformen, Ehrenzeichen und andere Kleingegenstände gezeigt. Einer der Höhepunkte des Ausstellungsraums ist die Vitrine, in der die von den Finnen verwendeten Panzerabwehrgewehre ausgestellt sind.

Die zweite Ausstellungshalle bietet dem Besucher die Möglichkeit, sich über gepanzerte Fahrzeuge aus der Zeit des Kalten Kriegs bis hinein ins 21. Jahrhundert zu informieren. Dort wird auch die Geschichte der Herstellung gepanzerter Radfahrzeuge in Finnland von den 1970er-Jahren bis heute präsentiert.

Im Freigelände der Ausstellung finden die Besucher außerdem den Stützpunkt des nach Kriegsvorbild gebauten Panzerabwehrzuges mit Geschützstellungen und Unterständen sowie einen seltenen Panzerzug aus der Kriegszeit.

Panssarimuseo

Adresse: Hattulantie 334, 13720 Parola /Finnland	**Telefon:** +358 40 568 1186
Internet: www.panssarimuseo.fi	**Behindertengerecht:** bedingt
Email: toimisto@panssarimuseo.fi	**Café:** ja
Öffnungszeiten: 1.5. - 30.9, jeden Tag von 10 - 16 Uhr. Geschlossen am Mittsommerabend. 1.10. - 30.4. jeden Tag 10 - 15 Uhr. Weihnachtswoche 23. - 27. Dezember 2024 geschlossen.	**Preise:** Erwachsene 12 €, Kinder (6 - 15 Jahre) 6 €, Familie 2 Erw. + Kinder 24 €, Rentner, Studenten, Veteranen des Krisenmanagements 8 €.

◄ Mehrsprachige Infotafeln erklären dem Besucher alle wichtigen Details zu dem zu sehenden Fahrzeug.

Der älteste Ausstellungsraum des Museums, die „Moottorihalli" („Maschinenhalle") bietet technikinteressierten Besuchern spannende Momente.

In der Panzerabwehrhalle wird die gesamte Entwicklung der finnischen Panzerabwehr von den Benzinbomben des Winterkriegs bis hin zu Panzerfäusten und Raketenwaffen der Nachkriegszeit dokumentiert.

Hier findet sich auch eine besondere Attraktion des Museums: Ein Simulator, bei dem man seine Fähigkeiten als Kanonier testen kann. Fazit: Ein Besuch im Hohen Norden ist für Panzerfreunde Pflicht.

Interview mit Simo Hautala

Position: Direktor des Museums

Alexander Losert: Was macht für Sie die Faszination von Panzerfahrzeugen aus und weshalb zeigen Sie diese in Ihrem Museum?

Simo Hautala: Das ist einfach die Aufgabe des Panzermuseums. Wir bewahren das nationale Erbe.

Alexander Losert: Worin genau sehen Sie die Aufgabe des Museums?

Simo Hautala: In Ausstellungs- und Veröffentlichungsaktivitäten sowie in der vorteilhaften Zusammenarbeit mit anderen finnischen spezialisierten militärhistorischen Museen und anderen internationalen Panzermuseen.

Alexander Losert: Was ist das Besondere an diesem Museum?

Simo Hautala: Die Sammlungen des Panssarimuseo sind einzigartig. Beispielsweise gibt es außerhalb Russlands keine derart umfassende Sammlung sowjetischer Panzer. Besondere Raritäten sind das Sturmgeschütz BT-42, das einzige seiner Art, der leichte Panzer T-50, von dem es weltweit nur noch zwei Exemplare gibt, und der bekanntermaßen einzige Panzerwagen BA-10 in der Welt.

Alexander Losert: Was denken Sie, fasziniert Menschen an diesen Maschinen?

Simo Hautala: Die Raritäten locken Besucher aus aller Welt in das Panssarimuseo. Das Museum organisiert vor allem in der Sommersaison Veranstaltungen, darunter Kampfshows mit Museumsfahrzeugen, die bei einheimischen Besuchern sehr beliebt sind. Es besteht auch die Möglichkeit, eine Tank-Mitfahrt zu kaufen.

Alexander Losert: Wie kann man Panzer nutzen, um Menschen die Geschichte näherzubringen?

Simo Hautala: Die gesamte Sammlung erzählt von der Geschichte. Bei der allgemeinen Führung tauchen die Museumsbesucher durch die vielfältigen Angebote der Grundausstellung des Museums tief in die Geschichte des Panzer- und Panzerkriegs ein. Eine prägnante Führung führt die Zuhörer durch die Militärgeschichte des unabhängigen Finnlands und erzählt die Geschichte von Waffen und ihren Nutzern.

Alexander Losert: Panzer werden für den Krieg gebaut. Wie würden Sie die Rolle des Museums in diesem Zusammenhang beschreiben?

Simo Hautala: Zweck des Museums ist es, Geschichte so zu erzählen, wie sie sich ereignet hat.

Alexander Losert: Welchen Panzer hätten Sie gerne noch in der Sammlung – und warum?

Simo Hautala: Uns fehlen die Panzer, die die Deutschen in Lappland eingesetzt haben: Die Panzerkampfwagen II und III, der Somua S-35 und Hotchkiss H-39 (beides französische Beutepanzer).

Alexander Losert: Wegen welcher Fahrzeuge kommen nach Ihrer Einschätzung die meisten Besucher zu Ihnen ins Museum?

Simo Hautala: Ich denke, es ist die gesamte Sammlung, die sie studieren wollen. Um einige Stücke aufzugreifen: Es handelt sich möglicherweise um den T-26, den T-34 sowjetischer Herkunft sowie deutsche Sturmgeschütze.

Alexander Losert: Wie setzen sich Ihre Besucher in Bezug auf Alter und Geschlecht zusammen?

► Ein weiterer Renault FT-17, wie man ihn vielfach in den Museen in Europa findet.

Simo Hautala: Die meisten Besucher der Tour sind Familien mit Kindern. Und natürlich kommen auch diejenigen, die sich für Geschichte als solche interessieren.

Alexander Losert: Wie viele Besucher kommen jedes Jahr zu Ihnen?

Simo Hautala: Die Zahl der jährlichen Besucher beträgt etwa 30 000. Letztes Jahr war eine Ausnahme, dank des Tiger II, der vom Bovington Tank Museum ausgeliehen wurde – da waren es dann 80 000.

Alexander Losert: Wie finanzieren Sie das Museum?

Simo Hautala: Das Parola Armor Museum wird von einer Stiftung betrieben. Der Großteil der Einnahmen stammt aus den Eintrittsgeldern und den Verkäufen des Cafés und Museumsshops. Das Museum wird auch teilweise vom Ministerium für Kultur und Bildung sowie vom Verteidigungsministerium subventioniert.

▲ Finnischer Skijäger: Der Albtraum der Roten Armee im Winterkrieg 1939/40.

Alexander Losert: Was ist Ihr persönliches Lieblingsstück in der Sammlung?

Simo Hautala: Davon gibt es so viele. Vielleicht der BT-42. Interessant ist auch die 37 mm-Panzerabwehrkanone aus der Kriegszeit mit modernem Lasersimulator, mit der die Museumsbesucher ihre Fähigkeiten als Kanonier testen können.

Alexander Losert: Welche fünf Highlights möchten Sie den Besuchern besonders empfehlen?

Simo Hautala: Unsere Sammlung sowjetischer Panzer und Panzerabwehrausrüstung sowie verschiedene Arten von T-26-Panzern, T-34-Panzern, StuGs, Pz IV, BT-42 usw.

Alexander Losert: Welche Sonderveranstaltungen haben Sie über das Jahr verteilt?

Simo Hautala: Das sind einige: Die Sommer-Saisoneröffnung am 1. Mai, der Familientag, Hopfentag, unser Kriegsspiel-Event sowie Winter und Herbst-Aktionstage während der Schulferien. Alle Informationen dazu finden sich übrigens auf unserer Website.

Alexander Losert: Auf welchen Ebenen arbeiten Sie mit anderen Museen zusammen?

Simo Hautala: Wie erwähnt, unterhält das Panssarimuseo eine intensive Zusammenarbeit mit anderen finnischen spezialisierten militärhistorischen Museen und anderen internationalen Panzermuseen auf der Welt.

Familiensache

Museo Storico Militare „Vidotto“

Italien blickt auf eine lange militärische Geschichte zurück. Und natürlich finden sich auch hier entsprechende Sammlungen. Eine ganz besondere befindet sich in der Region Venedig und ist von einem ehemaligen Soldaten ins Leben gerufen worden.

Das militärhistorische Museum „Vidotto“ ist zudem das – nach eigenen Angaben – einzige Museum in Italien, in dem man echte Panzer betreten kann, die im Kampf eingesetzt wurden.

Franco Vidotto entschied sich nach jahrelanger Erfahrung im Sammeln militärischer Erinnerungsstücke, angetrieben von einer unersättlichen Leidenschaft für die Militärgeschichte, im Jahr 2014, das Historische Militärmuseum „Vidotto“ in Jesolo (VE) zu gründen. Simonetta Vidotto, Tochter des Direktors und Diplom-Volkswirtin, leitet die Abteilung Marketing und Kommunikation des Museums.

Die Sammlung selbst gliedert sich in verschiedene Bereiche: Innerhalb des Museums, das sich auf drei Etagen erstreckt, können unterschiedliche thematische Räume besucht werden, die der Geschichte der italienischen Streitkräfte und der Polizei sowie ausländischen Streitkräften gewidmet sind. Hier finden sich seltene und besondere Uniformen der Vergangenheit, Zeitdokumente und andere geschichtsträchtige Materialien.

Dazu gesellt sich noch das sogenannte Arsenal. In einer der umfangreichsten Waffensammlungen Italiens finden sich zahlreiche Handfeuerwaffen aus den vergangenen 150 Jahren, von der Pistole über den Karabiner bis hin zu Maschinengewehren.

◄ Franco Vidotto trug eine beeindruckende Sammlung an militärischen Gegenständen zusammen, die auch Panzer umfassen, von denen …

▲ … es gleich mehrere gibt, wie etwa diesen amerikanischen Schützenpanzer, der aber schon seit Jahren nicht mehr im Dienst ist.

Das Herzstück der Sammlung sind aber natürlich die Fahrzeuge. Im Garten neben dem Museum können einige der berühmtesten Artillerien aus der Zeit des Zweiten Weltkrieges bestaunt werden. Hinzu kommen einige Panzer des Kalten Kriegs und ein Hubschrauber (Agusta Bell AB 204B – ein Lizenzbau der berühmten UH-1 „Huey"), der für SAR-Aufgaben der italienischen Marine verwendet wurde.

Auch wenn es nur ein kleines Museum ist, so lohnt sich doch der Abstecher vom nahen Venedig aus. Hier sieht man, mit welcher Leidenschaft ein Mann und seine Familie sich ihrem Sammelgebiet verschrieben haben. Auch auf die zukünftige Entwicklung darf man gespannt sein, schließlich haben Franco Vidotto und sein Team noch große Pläne.

► Auch Luftfahrzeuge, wie diesen Agusta A 109 A-Helikopter kann man in der Nähe von Venedig besichtigen.

Interview mit Franco Vidotto

Position: Direktor und Eigentümer

Alexander Losert: Was macht für Sie die Faszination von Panzerfahrzeugen aus und weshalb zeigen Sie diese in Ihrem Museum?

Franco Vidotto: Unsere Aufgabe besteht darin, diese Exponate zu sammeln, um die Geschichte zu bewahren und fortleben zu lassen.

Alexander Losert: Was denken Sie, fasziniert Menschen an diesen Maschinen?

Franco Vidotto: Sie sind schwer, sie sind stark und sie sind mächtig.

Museo Storico Militare „Vidotto"

Adresse: via Palma il vecchio 4, IT-30016 Jesolo (Venice)

Internet: www.museomilitarevidotto.it

Email: museomilitarevidotto@gmail.com

Telefon: 0421.350898 / 329.8112505

Öffnungszeiten: Mai bis September: 9:30 – 12:30 Uhr und 15.30 – 18.30 Uhr.
Ende September bis Mai: Das Museum ist nur nach Vereinbarung geöffnet, die mindestens 2 Tage im Voraus vereinbart werden muss. Die Besuchszeiten sind die gleichen wie im Sommer.

Behindertengerecht: ja (mit Einschränkungen)

Restaurant/Café: nein

Preise: 10 Euro, reduziert: 8 Euro, Kinder bis 6 Jahre frei.

Alexander Losert: Wie kann man Panzer nutzen, um Menschen die Geschichte näherzubringen?

Franco Vidotto: Sie können die Geschichte im Wortsinn mit ihren Händen greifen…

Alexander Losert: Panzer werden für den Krieg gebaut. Wie würden Sie die Rolle des Museums in diesem Zusammenhang beschreiben?

Franco Vidotto: Wir dokumentieren die Geschichte und Krieg gehört leider dazu.

Alexander Losert: Erinnerung? Technikgeschichte? Verstaubte Relikte? Wie würden Sie beschreiben, was die Menschen hier sehen?

Franco Vidotto: Jeder Besucher hat eine ganz eigene Perspektive, die für ihn die richtige ist – also gibt es viele Themen zum Anfassen und hautnah erfahren.

Alexander Losert: Welchen Panzer hätten Sie gerne noch in der Sammlung – und warum?

Franco Vidotto: Einen Leopard A1, eingesetzt bei der italienischen Armee während der Zeit des Kalten Kriegs.

Alexander Losert: Wegen welcher Fahrzeuge kommen nach Ihrer Einschätzung die meisten Besucher zu Ihnen ins Museum?

Franco Vidotto: Ich denke, viele kommen wegen unseres M60-Kampfpanzers.

Alexander Losert: Wie setzten sich Ihre Besucher demografisch zusammen?

Franco Vidotto: Wir begrüßen viele Familien, ansonsten sind Männer und Frauen etwa im Verhältnis zwei zu eins, im Alter von 10 bis 80 Jahren.

Alexander Losert: Wie viele Besucher kommen jedes Jahr zu Ihnen?

Franco Vidotto: Etwa 3000 Besucher

Alexander Losert: Wie finanzieren Sie das Museum?

Franco Vidotto: Über die Ticketverkäufe und aus meinen privaten Mitteln.

Alexander Losert: Was ist Ihr persönliches Lieblingsstück in der Sammlung?

Franco Vidotto: Da kann ich mich wirklich nicht entscheiden…

Alexander Losert: Welches sind die fünf Highlights in Ihrem Museum?

Franco Vidotto: Die vielen Uniformen, die Fahrzeuge, die Waffensammlung, dass man viele Exponate berühren kann und die Leidenschaft der Ausstellungsmacher.

Alexander Losert: Welche besonderen Veranstaltungen gibt es das ganze Jahr über?

Franco Vidotto: Den Tag der gefallenen Kameraden, immer am dritten Sonntag im November.

▶ Vor allem Panzer amerikanischen Ursprungs hat Franco Vidotto zusammengetragen, um sie der Nachwelt zu bewahren.

Der Geheimtipp für die ganze Familie

Park der Militärgeschichte Pivka

© Bostjan Kurent

© Bostjan Kurent

▲ Blick auf das Museumsgelände.

Kaum zu glauben, aber der „Park der Militärgeschichte" in Slowenien existiert nun schon seit mehr als 20 Jahren. Mittlerweile hat er sich zu einem Geheimtipp für alle Militärfans entwickelt.

Seinen Anfang nahm das Museum nach dem Abzug der jugoslawischen Armee im Jahr 1991. Viele der Gerätschaften – meist aus sowjetischen Beständen – blieben in Slowenien zurück. Viele fielen den Schweißbrennern zum Opfer, wurden verkauft oder fanden Eingang in die neue Armee. Andere dagegen bildeten den Grundstock für das im Entstehen begriffene Museum, das stetig wächst und immer mehr Besucher in seinen Bann zieht.

Und das völlig zurecht, zeigt die Ausstellung doch in einem separaten Bereich den Kampf um die Unabhängigkeit des kleinen Landes. Die Verantwortlichen haben hier eine wirklich beeindruckende Sammlung zusammengetragen.

Der Weg zur Unabhängigkeit wird dabei in Form von Exponaten, Filmen und Schautafeln verdeutlicht – so ist diese Einrichtung mehr als nur ein Technikmuseum, es ist ein Informationszentrum und ein Ort, an dem Geschichte lebendig wird. Alles hier ist auf modern getrimmt, nichts verbreitet das Flair eines verstaubten Museums, dafür besticht die Ausstellung durch eine zeitgemäße Darstellung.

© Bostjan Kurent

▲ Auch Familien besuchen das Musuem in Pivka gerne.

◀ Ein Panzer bei einer praktischen Vorführung in Pivka. Schön zu erkennen: die besondere Zusatzpanzerung.

© Bostjan Kurent

Was nun die Panzer und gepanzerten Fahrzeuge angeht, so machen sie nur einen Teil der Ausstellung aus. Die meisten Exponate stammen aus den Beständen der Roten Armee respektive der Jugoslawischen Armee, so dass der Besucher anschaulich demonstriert bekommt, welche Entwicklung die östliche Waffenentwicklung genommen hat.

Nicht weniger interessant – wenn auch für dieses Buch thematisch nicht der Schwerpunkt – sind die Flugzeugsammlung (etwa ein rumänischer Jagdbomber vom Typ IAR-93, eine jugoslawische Soko 522 oder eine sowjetische MIG-21) oder das U-Boot P-913 „Zeta", ein kleines, jugoslawisches U-Boot, das sich auch von Innen besichtigen lässt (hierfür muss vorab aber reserviert werden).

Ein Restaurant nebst Souvenir-Shop runden das Angebot ab. Wohnmobil-Rastplätze und Ladestationen für E-Autos stehen ebenfalls zur Verfügung.

Und wer keine Lust hat, sich im Museum aufzuhalten, der kann mit einer Wanderung auf dem Militärhistorischen Rundweg (ca. vier Stunden Dauer) oder dem Lehrpfad zu den Festungen auf dem Berg Primož (ca. eine Stunde Dauer) die Natur und die Geschichte genießen.

Meine persönlichen Top Fünf:

1. **Die Ausstellung „Weg zur Unabhängigkeit", die das letzte Jahrzehnt des ehemaligen Jugoslawiens, den Unabhängigkeitsprozess und den Krieg 1991 darstellt.**
2. **M-36 „Jackson"**
3. **Das Kommando-U-Boot P-913 der jugoslawischen Marine**
4. **Die 2023 eröffnete Dauerausstellung über die Enigma**
5. **Die deutsche Kriegslokomotive der Baureihe 52**

Park of Military History Pivka / Park vojaške zgodovine Pivka

Adresse: Kolodvorska cesta 51, 6257 Pivka, Slovenia
Telefon: +386 (0)31 775 002
Internet: www.parkvojaskezgodovine.si
Behindertengerecht: bedingt
Email: info@parkvojaskezgodovine.si
Restaurant/Café: ja
Öffnungszeiten: Juli, Aug.: tägl. 9 – 18 Uhr. **Mai, Juni, Sept., Okt.:** Mo. – Fr.: 10 – 16 Uhr, Sa., So., Feiertage, Schulferien: 10 – 18 Uhr. **März, Apr.:** Mo. – Fr.: 11 – 15 Uhr, Sa., So. Feiertage, Schulferien: 10 – 16 Uhr. **Jan., Febr., Nov., Dez.:** Mo. – Fr.: 11 – 14 Uhr, Sa., So., Feiertage, Schulferien: 10 – 16 Uhr
Geschlossen: 1. Januar, 25. Dezember

◀ Das Museum in Pivka widmet sich vor allem der Zeit der Unabhängigkeit nach dem Zerfall von Jugoslawien.

Interview mit Bostjan Kurent

Position: Kurator

Alexander Losert: Was macht für Sie die Faszination von Panzerfahrzeugen aus und weshalb zeigen Sie diese in Ihrem Museum?

Bostjan Kurent: Nach dem Krieg zur Verteidigung der slowenischen Unabhängigkeit im Juni und Juli 1991 und dem Abzug der jugoslawischen Volksarmee aus Slowenien im Oktober 1991 blieben viele Panzer aus dem Arsenal der ehemaligen jugoslawischen Armee auf slowenischem Gebiet zurück. Es war eine faszinierende Sammlung von Panzern und anderen gepanzerten Fahrzeugen – Jugoslawien hatte sich sowohl aus dem Osten als auch aus dem Westen aufgerüstet und verfügte auch über eine umfangreiche inländische Waffenproduktion. In den Jahren nach der Unabhängigkeit Sloweniens wurden die slowenischen Streitkräfte modernisiert, und diese ausgemusterten Fahrzeuge der ehemaligen jugoslawischen Volksarmee wurden abgeschrieben und zur Vernichtung bestimmt. Liebhaber der Militärgeschichte und historischer Militärausrüstung erkannten sie als wichtiges Erbe, das eine museale Präsentation verdient. Zu diesem Zeitpunkt, vor zwanzig Jahren, wurde die Idee geboren, unser Museum – den Park der Militärgeschichte – zu gründen.

Alexander Losert: Worin sehen Sie die Aufgabe Ihres Museums?

Bostjan Kurent: Ein richtiges Verständnis der Geschichte kann uns davor bewahren, Fehler zu wiederholen und so zum Frieden beitragen. Die Geschichte des Territoriums der Republik Slowenien war außergewöhnlich vielfältig, insbesondere im turbulenten 20. Jahrhundert.

Alexander Losert: Was ist das Besondere an diesem Museum?

Bostjan Kurent: Die ehemalige Kaserne, in der sich heute unser Museum befindet, ist ein Gebäude der königlich-italienischen Armee, da der westliche Teil Sloweniens nach dem Ersten Weltkrieg nach dem Zusammenbruch/der Auflösung der österreichisch-ungarischen Monarchie an Italien abgetreten wurde, als Bezahlung für seinen Kriegseintritt auf Seiten der Entente. Nach der Kapitulation Italiens wurden diese Kasernen von der deutschen

► Auch (sowjetische) Panzer aus der Zeit des Zweiten Weltkriegs finden sich in Pivka. Rechts ein amerikanischer M3A3 Stuart, der im Rahmen des Lend-Lease-Act an die Sowjetunion ging.

© Bostjan Kurent

Armee und im Mai 1945 von der jugoslawischen Armee besetzt. Die Kasernen, die zur Verteidigung der östlichen Grenze Italiens errichtet wurden, wurden zu einer Hochburg der Verteidigung an der Westgrenze des sozialistischen Jugoslawiens, einem Teil des Eisernen Vorhangs, um Churchill zu zitieren. Die Besucher unseres Museums erfahren etwas über die Geschichte direkt durch einzelne Ausstellungen, die bestimmte historische Themen behandeln, aber vor allem durch Exponate und ihre Geschichten. Der Park der Militärgeschichte Pivka ist ein junges Museum. Die Idee dafür wurde vor genau 20 Jahren geboren. Die treibende Kraft hinter dem Konzept war die lokale Gemeinschaft, die nach einer Lösung für den verfallenden Komplex verlassener Kasernen suchte. Die Idee, innerhalb des Komplexes ein Museum für stillgelegte Militärtechnik einzurichten, erwies sich als erfolgreich. Die örtliche Gemeinschaft – die Gemeinde Pivka – erkannte dieses Projekt als bedeutende Entwicklungschance und widmete ihm die entsprechende Aufmerksamkeit.

Alexander Losert: Was denken Sie, fasziniert Menschen an diesen Maschinen?

Bostjan Kurent: Jeder Besucher erlebt Panzer und andere Exponate auf seine eigene Weise. Junge Menschen und ein Teil der breiten Öffentlichkeit nehmen sie als eine Art Dinosaurier wahr. Sie sind fasziniert von ihrer Größe und Kraft. Einige Besucher interessieren sich in erster Linie für Panzer als technisches Gut – schließlich stellen Panzer den Höhepunkt des technischen Wissens und der technologischen Lösungen der Ära dar, in der sie gebaut wurden. Viele Besucher suchen jedoch nach historischen Erzählungen innerhalb der Panzer als Exponate. Sie möchten wissen, wo und auf welchen Schlachtfeldern sie auftauchten und welche Rolle sie spielten. Der wichtigste Aspekt dabei sind die persönlichen Geschichten der Panzerbesatzungsmitglieder. Plötzlich ist der Panzer nicht mehr nur ein kalter Haufen Metall, sondern ein Objekt, das mit menschlichen Schicksalen verflochten ist.

Alexander Losert: Wie kann man Panzer nutzen, um Menschen die Geschichte näherzubringen?

Bostjan Kurent: Es mag unglaublich klingen, aber Panzer können hervorragende pädagogische Werkzeuge sein. Unser Museum beherbergt viele Schulklassen, und die Lehrer bestätigen, dass die Schüler bei Panzern und anderen großen Exponaten aufmerksamer und engagierter werden. Dadurch fällt es uns leichter, die historischen Umstände und den Kontext zu erklären, in dem ein bestimmtes Fahrzeug existierte. Heutzutage ist es nicht mehr selbstverständlich, die Aufmerksamkeit von Gruppen zu fesseln, daher greifen viele Museen und Bildungseinrichtungen auf verschiedene elektronische Geräte, Multimediaprojektionen, VR-Technologie und dergleichen zurück. All dies hat zwar seine Berechtigung, führt jedoch häufig zu einer Informationsüberflutung, insbesondere wenn man bedenkt, dass die Exponate selbst und ein geeigneter Ansatz oft ausreichen. Die Besucher werden daher ermutigt, verschiedene Ebenen der Geschichte und des historischen Kontexts zu erkunden und zu entdecken.

Alexander Losert: Panzer werden für den Krieg gebaut. Wie würden Sie die Rolle des Museums in diesem Zusammenhang beschreiben?

Bostjan Kurent: Panzer und Militärfahrzeuge sind die robustesten und auch einschüchterndsten aller Militärmaschinen. Ihre Platzierung in einer Museumssammlung verherrlicht jedoch keineswegs den Krieg. Im Gegenteil! Durch ihre Präsentation im Museum möchten wir die Bedeutung des Friedens in der Welt und die Bedeutung der Suche nach friedlichen Lösungen für Konflikte hervorheben. Es scheint, dass unsere Mission von Tag zu Tag wichtiger und die Aufgabe immer verantwortungsvoller wird.

Alexander Losert: Erinnerung? Technikgeschichte? Verstaubte Relikte? Wie würden Sie beschreiben, was die Menschen hier sehen?

Bostjan Kurent: Wie ich bereits erwähnt habe, erleben Besucher Panzer auf ihre einzigartige Weise. Ein Besucher kann es bei einem erneuten Besuch völlig anders erleben. Je nach meiner Stimmung, einem Buch, das ich kürzlich gelesen habe, oder den täglichen Nachrichten von einem Schlachtfeld kann der Panzer, den ich kürzlich als technische Errungenschaft bewundert habe, als Träger historischer Erinnerungen oder stummer Zeuge historischer Ereignisse wahrgenommen werden.

◄ Ein sowjetisches „SU-85“ bereichert ebenfall die Sammlung in Slowenien.

Alexander Losert: Welchen Panzer hätten Sie gerne noch in der Sammlung – und warum?

Bostjan Kurent: Im Park der Militärgeschichte haben wir uns zum Ziel gesetzt, alle Panzer oder gepanzerten Fahrzeuge zu sammeln, die im Laufe der Geschichte auf slowenischem Gebiet vorhanden waren. Angesichts der Vielfalt der historischen Ereignisse ist dieses Ziel praktisch unerreichbar – wir müssen uns mit Modellen einiger gepanzerter Fahrzeuge zufrieden geben. Trotzdem haben wir einige Sammlungen fast vervollständigt, wie zum Beispiel die Sammlung gepanzerter Fahrzeuge aus der sozialistischen Zeit oder die Sammlung gepanzerter Fahrzeuge aus der US-Militärhilfe für Jugoslawien in den 1950er Jahren, wo uns nur noch der M-18 Hellcat fehlt.

Alexander Losert: Wegen welcher Fahrzeuge kommen nach Ihrer Einschätzung die meisten Besucher zu Ihnen ins Museum?

Bostjan Kurent: Die Besucher konzentrieren sich hauptsächlich auf zwei Fahrzeugsammlungen: die aus dem Zweiten Weltkrieg und die aus dem Krieg zur Verteidigung der Souveränität der Republik Slowenien im Jahr 1991. Einige Fahrzeuge aus der letztgenannten Sammlung waren auch im Konflikt in der Ukraine vorhanden, was die Aufmerksamkeit vieler Besucher zusätzlich fesselt. Neben Panzerfahrzeugen sind im Park auch diverse andere Fahrzeuge zu sehen, wie etwa die deutsche Militärlokomotive Typ 52 aus dem Zweiten Weltkrieg, das jugoslawische Kommando-U-Boot P-913 und mehrere Flugzeuge. Im Park wird es Liebhabern von Militärgeschichte und -technik sicher nicht langweilig.

Alexander Losert: Wie setzten sich Ihre Besucher demografisch zusammen?

Bostjan Kurent: Die Zielgruppe, die wir in unserem Museum ansprechen, sind Familien, daher zeigen Statistiken eine gleichmäßig verteilte Besucherstruktur sowohl hinsichtlich des Alters als auch des Geschlechts. Es gibt viele Schulklassen, denen wir besondere Aufmerksamkeit schenken, aber auch ziemlich viele Gruppen von Rentnern und anderen älteren Bürgern. Trotz alledem gibt es jedoch hinsichtlich der Besucherzahl mehr Männer als Frauen, da kleinere und größere Gruppen, die sich hauptsächlich für Militärtechnik interessieren, das Museum besuchen. In diesen Gruppen überwiegt nach wie vor das männliche Publikum.

Alexander Losert: Wie viele Besucher kommen jährlich zu Ihnen?

Bostjan Kurent: Der Park der Militärgeschichte ist das meistbesuchte Museum der Republik Slowenien und zieht jährlich 60 000 Besucher an. Ich weiß, dass ein Vergleich dieser Zahlen mit Museen in größeren Ländern und in der Nähe von Metropolen schwierig ist, aber für unsere Verhältnisse ist dies eine außergewöhnliche Besucherzahl.

Alexander Losert: Wie finanzieren Sie das Museum?

Bostjan Kurent: Vor drei Jahren wurde der Park zum autorisierten Museum für die Sammlung, Verarbeitung und Präsentation des militärhistorischen

▲ Praktische Vorführung eines Pionierpanzers mit Räumschild und Kran in Pivka.

Erbes auf nationaler Ebene ernannt. Gemäß unserer Museumsgesetzgebung bedeutet dies, dass das Kulturministerium uns einen Teil der Mittel für die Bereitstellung öffentlicher Dienstleistungen zur Verfügung stellt. Das Verteidigungsministerium stellt ebenfalls einen Teil der Mittel aus dieser Quelle zur Verfügung. Das Museum erhält jedoch weiterhin den größten Teil seiner Mittel durch den Ticketverkauf und den Museumsshop.

Alexander Losert: Was ist Ihr persönliches Lieblingsstück in der Sammlung?

Bostjan Kurent: Am 26. Juni 1991, nur wenige Stunden nach der Unabhängigkeitserklärung der Republik Slowenien, rollte eine Kolonne von JNA T-55-Panzern aus der Kaserne, in der sich heute unser Museum befindet, auf die Straßen, um die Entscheidung für Demokratie und Unabhängigkeit bei ihrer Gründung zunichte zu machen. So begann der Krieg um Slowenien, und die Kaserne in Pivka wurde zu einem historisch bedeutsamen Punkt. Einer dieser Panzer ist jetzt in unserer Sammlung ausgestellt, und wir könnten sagen, dass er für uns der wertvollste ist.

Alexander Losert: Welche Sonderveranstaltungen haben Sie über das Jahr verteilt?

Bostjan Kurent: Das Jahresprogramm im Park ist vielfältig und umfangreich. Zu den traditionellen Veranstaltungen gehört das ZgodoVikend (Wochenende der Geschichte), das am dritten Wochenende im September stattfindet. Das Programm ist jedes Jahr vielfältig und umfangreich. Ein konstanter Bestandteil ist jedoch die Ausstellung des funktionierenden Teils der Parksammlung, wo Besucher wertvolle Panzerfahrzeuge wie den amerikanischen Panzerzerstörer M36 oder den sowjetischen T-34-85 aus der Nähe betrachten können. Die Frühlingssaison wird durch das internationale Modellbaufestival „Svet v malem" geprägt, das eine große Zahl von Wettbewerbern und Besuchern aus Ländern der Region anzieht.

Kroatien

Eine kleine, aber feine Sammlung

Das Kriegsmuseum Vukovar

© Dr. Ilya Shydurov

Das Kriegsmuseum in Vukovar, offiziell als „Museum des Heimatkrieges Vukovar“ bekannt, ist eine der bedeutendsten kulturellen und historischen Einrichtungen in Kroatien. Es befindet sich in der Stadt Vukovar, die während des Kroatischen Unabhängigkeitskrieges (1991 bis 1995) eine zentrale Rolle spielte. Dieses Museum dient als Gedenkstätte und als Bildungszentrum, das beispielsweise auch die Ereignisse und Folgen des Krieges dokumentiert.

Das Museum wurde 2006 im Rahmen der Bemühungen zur Wiederherstellung und Versöhnung nach dem Krieg eröffnet. Es befindet sich in einem ehemaligen Krankenhausgebäude, das während der Belagerung als Notkrankenhaus der Stadt genutzt wurde. Die Auswahl dieses Gebäudes als Standort des Museums ist symbolisch, da es an die Leiden und den Widerstand der Bevölkerung während der Belagerung erinnern soll. Darin begründest sich auch der Hauptzweck des Museums: die Erinnerung an den Krieg und seine Opfer lebendig zu halten. Es soll zukünftigen Generationen die Schrecken des Krieges vor Augen führen und zur Förderung des Friedens und der Verständigung beitragen. Zudem bietet das Museum eine umfassende Dokumentation und Analyse der Ereignisse, die zur Bildung und Forschung genutzt werden kann. Das Museum von Vukovar verfügt über eine umfangreiche Sammlung von Artefakten, Fotografien, Dokumenten und audiovisuellen Materialien, die die Geschichte des Krieges und der Belagerung von Vukovar illustrieren. Die Ausstellungen sind thematisch gegliedert und bieten einen umfassenden Überblick über die verschiedenen Aspekte des Konflikts.

1. Dauerausstellung

Die Dauerausstellung des Museums erstreckt sich über mehrere Stockwerke und ist chronologisch angeordnet. Sie beginnt mit einer Einführung in die politischen und gesellschaftlichen Hintergründe des Zerfalls Jugoslawiens und der Unabhängigkeit Kro-

◄ Das Museum in Vukovar gehört zu den jüngeren Museen und widmet sich vor allem dem Kampf beim Zerfall Jugoslawiens …

▲ … bei dem Panzer und Geschütze vor allem aus sowjetischer Fertigung zum Einsatz kamen.

► Ein Gebäude des Museums mit einer sehr alten Pak davor.

© Dr. Ilya Shydurov

atiens. Weiterhin wird der Verlauf der Belagerung von Vukovar detailliert dargestellt, einschließlich der militärischen Operationen, der humanitären Katastrophe und der internationalen Reaktionen.

2. Thematische Ausstellungen

Neben der Dauerausstellung gibt es mehrere thematische Ausstellungen, die sich speziellen Aspekten des Krieges widmen. Eine dieser Ausstellungen beschäftigt sich mit dem Leben der Zivilbevölkerung während der Belagerung, einschließlich der Notversorgung, der Rolle der Frauen und Kinder und der medizinischen Versorgung im Belagerungskrankenhaus. Eine weitere Ausstellung beleuchtet die Kriegsverbrechen, die während und nach der Belagerung begangen wurden, und die Bemühungen um Gerechtigkeit und Versöhnung.

3. Audiovisuelle Materialien

Das Museum nutzt eine Vielzahl von audiovisuellen Materialien, um die Geschichte lebendig zu vermitteln. Dazu gehören Originalaufnahmen von den Kämpfen, Interviews mit Überlebenden und Zeitzeugen sowie Dokumentarfilme. Diese Materialien bieten einen eindrucksvollen Einblick in die persönlichen Erfahrungen und das Leid der Betroffenen.

4. Interaktive Elemente

Um das Interesse der Besucher zu wecken und das Lernen zu fördern, verfügt das Museum über mehrere interaktive Elemente. Dazu gehören Multimedia-Stationen, an denen Besucher digitale Archive durchsuchen und digitale Karten erkunden können. Diese interaktiven Elemente ermöglichen es den Besuchern, tiefer in die Geschichte einzutauchen und die Ereignisse besser zu verstehen. Ein wichtiger Bestandteil der Arbeit des Museums ist zudem die „pädagogische Vermittlung". So bietet man

Museum des Heimatkrieges Vukovar

Adresse: Ive Tijardovića 60, 32000 Vukovar
Telefon: +385 (0)32 638 567
Internet: www.mcdrvu.hr
Öffnungszeiten: Täglich 9 – 17 Uhr.
Email: info@mcdrvu.hr

© Dr. Ilya Shydurov

► Auch moderne gepanzerte Fahrzeuge kann man im kroatischen Vukovar sehen, die man, so glaube ich …

▼ … in dieser Form noch nicht zusammen gesehen haben dürfte in Südosteuropa.

© Dr. Ilya Shydurov

eine Vielzahl von Bildungsprogrammen für Schüler, Studenten und Lehrer an. Diese Programme beinhalten Führungen, Workshops und Vorträge, die sich mit den historischen, politischen und menschlichen Aspekten des Kriegs auseinandersetzen.
An Panzern und Fahrzeugen findet sich hier nahezu alles, was damals eingesetzt worden ist, vornehmlich sowjetischen Ursprungs. Es ist eine kleine, aber umso schönere Sammlung, die dem Besucher vor Augen führt, dass der letzte Krieg in Europa noch gar nicht so lange her ist.

Denn das Museum in Vukovar ist weit mehr als nur eine historische Ausstellung. Es ist ein lebendiges Zeugnis der Vergangenheit, ein Ort des Gedenkens und der Bildung, und ein wichtiger Bestandteil der kroatischen Erinnerungskultur. Durch seine umfassenden Ausstellungen und pädagogischen Programme trägt es dazu bei, das Verständnis für die komplexen und tragischen Ereignisse des Kroatischen Unabhängigkeitskrieges zu vertiefen und die Bedeutung von Frieden und Versöhnung zu betonen. Und vor dem Hintergrund der Geschehnisse in der Ukraine erscheint ein solcher Erinnerungsort umso wichtiger.

Interview mit Marko Vrebac

Position: Senior Expert Advisor

Alexander Losert: Was macht für Sie die Faszination von Panzerfahrzeugen aus und weshalb zeigen Sie diese in Ihrem Museum?

Marko Vrebac: Wir sind eine öffentliche Einrichtung, die von der kroatischen Regierung gegründet wurde, um die Erinnerung an den „Heimatkrieg“, also den kroatischen Unabhängigkeitskrieg, im Allgemeinen und die Schlacht von Vukovar im Besonderen zu bewahren. Unsere Ausstellungen bestehen aus Waffen und Fahrzeugen, die während des Krieges verwendet wurden. Da wir uns in einem ehemaligen Militärstützpunkt befinden, verfügen wir über ausreichend Platz, um die größeren verwendeten Fahrzeuge auszustellen, darunter Panzer und andere gepanzerte Fahrzeuge.

Alexander Losert: Worin genau sehen Sie die Aufgabe des Museums?

Marko Vrebac: Die Mission besteht darin, die Erinnerung an die Schlacht von Vukovar und den Heimatkrieg zu bewahren und als Anlaufstelle für Bildungs-, Gedenk- und Forschungsaktivitäten zu diesen Themen zu dienen.

Alexander Losert: Was ist das Besondere an diesem Museum?

Marko Vrebac: Wir befinden uns im ehemaligen Militärstützpunkt in Vukovar und verfügen daher über viel Platz, um dort größere Ausstellungen und Exponate unterzubringen. In Verbindung mit unserer Zusammenarbeit mit den kroatischen Streitkräften, verschiedenen Ministerien und Veteranenverbänden haben wir mehrere seltene und einige einzigartige Exponate ausgestellt.

Alexander Losert: Was fasziniert Ihrer Meinung nach die Menschen an diesen Maschinen?

Marko Vrebac: Ihre Kraft, ihre Fähigkeit, Schaden zu widerstehen, die dazu führen würden, dass kleinere Fahrzeuge verschrottet werden, und der Schaden, den ein richtig eingesetzter Panzer (oder eine Gruppe von Panzern) dem Feind zufügen kann.

Alexander Losert: Wie kann man Panzer nutzen, um den Menschen etwas über Geschichte beizubringen?

Marko Vrebac: Die Entwicklung von Panzern seit ihrem ersten Einsatz im Ers-

© Dr. Ilya Shydurov

▲ Alles, was in dem Krieg an Waffen zum Einsatz kam, hat das Museum zusammengetragen oder zumindest große Teile davon.

▲ Auch einen Veteran aus dem Zweiten Weltkrieg trifft man in Vukovar – unverkennbar stammt der M36 aus amerikanischer Fertigung.

ten Weltkrieg kann ein gutes Beispiel sein, um die Entwicklung der Kriegsführung zu lehren. Vor allem, wenn man über einen bestimmten Zeitraum hergestellte Panzer verschiedener Länder vergleichen kann.

Alexander Losert: Die meisten Panzer wurden für den Krieg gebaut. Wie würden Sie in diesem Zusammenhang die Rolle des Museums beschreiben?

Marko Vrebac: Wir konzentrieren uns darauf, die Erinnerung an den Heimatkrieg zu bewahren, und Panzer und Panzerabwehreinheiten, insbesondere solche, die während der Schlacht von Vukovar eingesetzt wurden, sind ein wesentlicher Bestandteil davon.

Alexander Losert: Erinnerung? Geschichte der Technologie? Staubige Relikte? Wie würden Sie aus Ihrer Sicht beschreiben, was die Leute hier sehen?

Marko Vrebac: Die Wahrnehmungen der Menschen sind diesbezüglich sehr unterschiedlich. Da der Krieg historisch gesehen erst vor relativ kurzer Zeit stattfand, bekommen wir immer noch Besucher, die diese Panzer in Aktion gesehen haben – entweder im Kampf gegen sie, als Besatzung oder im Kampf an ihrer Seite. Für sie sind diese Panzer eine Erinnerung. Die jüngeren Generationen, die sich nicht an sie erinnern, betrachten sie eher als faszinierende Artefakte der Zeit, denn als verstaubte Relikte.

Alexander Losert: Welchen Panzer möchten Sie noch in Ihrer Sammlung haben – und weshalb?

Marko Vrebac: Es gibt keinen bestimmten Panzer, den wir gerne ausstellen würden – wenn wir den Platz haben und ein Panzer im Heimatkrieg eingesetzt wurde, dann stellen wir ihn gerne aus, damit unsere Besucher ein besseres Bild davon bekommen, wie der Krieg aussah.

Alexander Losert: Wegen welcher Fahrzeuge kommen Ihrer Meinung nach die meisten Besucher in Ihr Museum?

Marko Vrebac: Unsere Besucher kommen im Allgemeinen, um die Gesamtheit unserer Exponate zu sehen, sowohl die Innenausstellungen, die aus Infanteriewaffen und persönlichen Gegenständen bestehen, als auch die Außenausstellungen, die aus Fahrzeugen bestehen, die den Boden, das Meer und die Luft durchqueren.

Alexander Losert: Wie setzen sich Ihre Besucher in Bezug auf Alter und Geschlecht zusammen?

Marko Vrebac: Wir erfassen nicht das Alter und Geschlecht unserer Besucher, aber auf den ersten Blick scheint es ziemlich unterschiedlich zu sein. Allerdings haben wir ein laufendes Projekt mit dem Titel „Besuch von Achtklässlern in Vukovar". Im Rahmen dieses Projekts besuchen Kinder im letzten Grundschuljahr (achte Klasse in Kroatien) Vukovar und erfahren etwas über den Heimatkrieg und die Schlacht von Vukovar. Daher haben wir jedes Jahr etwa 40 000 14- bis 15-Jährige und ihre Lehrer.

Alexander Losert: Wie viele Besucher kommen jedes Jahr zu Ihnen?

Marko Vrebac: Abgesehen von den oben genannten Schülern verzeichnen wir im Memorial Center selbst durchschnittlich etwa 20 000 Besucher pro Jahr. Wir verwalten auch die Gedenkstätte für kroatische Kriegsveteranen in der Trpinja-Straße (auch bekannt als Panzerfriedhof), die jährlich etwa 30 000 Besucher anzieht, und die Gedenkstätte Ovčara, die mehr als 50 000 Besucher pro Jahr anzieht.

Alexander Losert: Wie finanzieren Sie das Museum?

Marko Vrebac: Wir werden von der Regierung finanziert, nämlich vom Ministerium für Veteranenangelegenheiten.

Alexander Losert: Was ist Ihr persönliches Lieblingsstück in der Sammlung?

Marko Vrebac: Mein Lieblingsstück ist kein Panzer – es ist ein Schützenpanzer. Da Kroatien in der Anfangsphase des Heimatkrieges über keine nennenswerten Panzerfähigkeiten verfügte, produzierten mehrere Unternehmen, von denen einige nie Fahrzeuge, geschweige denn gepanzerte, herstellten, APCs für den Einsatz in der kroatischen Armee. Wir haben vier Exemplare ausgestellt, die den Krieg relativ unbeschadet überstanden haben. Einer dieser vier ist mein Favorit.

Alexander Losert: Was sind die fünf Highlights in Ihrem Museum?

Marko Vrebac: Die Ausstellung „In der Verteidigung verstärkte Brigade" – eine ganze Brigade, die sich verteidigt, vom Gefechtsstand, dem Feldlazarett und der Kommunikationszentrale in den hinteren Stellungen bis hin zu eingegrabenen Panzern in den vorderen Stellungen und allem, was dazwischen zur Verteidigung benötigt wird (Artillerie), Flugabwehrstellungen, Schützengräben usw.)

Der Wiederaufbau der Lager in „Stajićevo" und „Begejci".

Ein Antonov An-2-Sprühflugzeug, das während der Schlacht von Vukovar zur Versorgung der Stadt eingesetzt wurde, nachdem diese vollständig umzingelt war. Es gibt auch ein VR-Erlebnis eines solchen Versorgungslaufs, das Besucher vom Flugzeug aus erleben können.

Einzigartige Stücke wie einige APCs, improvisierte Sprengkörper und „hausgemachte" Infanteriewaffen, die in der Anfangsphase des Krieges verwendet wurden.

Panzer und Artilleriegeschütze ab dem Zweiten Weltkrieg, die in Ländern des Ost- und Westblocks hergestellt wurden.

Alexander Losert: Welche besonderen Veranstaltungen gibt es das ganze Jahr über?

Marko Vrebac: Neben dem Bildungsprogramm der Schüler – sie besuchen uns von Anfang September bis Mitte Juni – nehmen wir das ganze Jahr über an verschiedenen Gedenkveranstaltungen in Vukovar und Umgebung teil.

Alexander Losert:Auf welchen Ebenen arbeiten Sie mit anderen Museen zusammen?

Marko Vrebac: Im Laufe der Jahre waren wir Gastgeber mehrerer Ausstellungen verschiedener Museen und Veteranenverbände und hatten unsere eigenen Gastausstellungen in Kroatien und im Ausland. Wir arbeiten auch oft mit zwei anderen Museen in der Stadt zusammen – dem Stadtmuseum Vukovar und dem Kulturmuseum Vučedol. Neben anderen Bildungsprojekten kooperieren wir auch regelmäßig mit anderen Museen in Kroatien.

▲ Einige der Panzer stehen zum besseren Schutz unter einem Dach. So sind sie der Witterung nicht so stark ausgesetzt.

Polen / Warschau

Wechselvolle Geschichte

Das Polnische Armeemuseum in Warschau

Das Polnische Armeemuseum in Warschau, offiziell bekannt als „Muzeum Wojska Polskiego w Warszawie“, ist eine bedeutende Institution, die sich der Bewahrung und Präsentation der militärischen Geschichte Polens widmet. Gegründet im Jahr 1920, beherbergt es eine umfangreiche Sammlung von Artefakten, die die reiche militärische Tradition und die historischen Kämpfe des Landes dokumentieren. Ich selbst war vor ein paar Jahren selbst in Warschau und habe meinen beruflichen Aufenthalt dazu genutzt, in meiner Freizeit das Museum zu besuchen.

Damals war es aber noch am „alten Platz“, aber es gab schon Pläne, in die Zitadelle umzuziehen, die sich aber immer wieder verzögerten. Kürzlich war es aber dann soweit und das Armeemuseum konnte Mitte 2023 die Pforten am neuen Standort öffnen.

Das Polnische Armeemuseum wurde kurz nach der Wiedererlangung der polnischen Unabhängigkeit gegründet, um die militärischen Errungenschaften und die kämpferische Geschichte Polens zu würdigen.

Das Museum befindet sich jetzt im historischen Zentrum von Warschau und ist ein bedeutender kultureller und touristischer Anziehungspunkt. Die Sammlung selbst umfasst Waffen, Uniformen, militärische Ausrüstungen und Fahrzeuge, die aus verschiedenen Epochen stammen, vom Mittelalter über die Renaissance und die Zeit der polnisch-litauischen Union bis hin zu den beiden Weltkriegen und der Ära des Kalten Kriegs.

Einen besonderen Schwerpunkt der Ausstellung im Polnischen Armeemuseum bildet die Sammlung von Militärfahrzeugen.

Die Fahrzeuge repräsentieren eine Vielzahl von Epochen und Technologien, von frühen gepanzerten Fahrzeugen bis hin zu modernen Panzern und anderen militärischen Nutzfahrzeugen.

Die Sammlung umfasst einige der frühesten gepanzerten Fahrzeuge, die während des Ersten Weltkriegs und in den Jahren danach verwendet wurden. Darunter etwa ein Renault FT-17, der als der erste moderne Panzer mit einem vollständig drehbaren Turm gilt und in vielen Ländern, darunter auch Polen, verwendet wurde.

◄ Uniformen, Panzer, Geschütze – das alles findet sich in Warschau im dortigen Armeemuseum.

▲ Der neue Standort der Sammlung nach dem Umzug 2023 und der Eröffnung in der zweiten Jahreshälfte.

▲ Man kümmert intensiv sich um die Ausstellungsstücke, wie diesen Sherman-Panzer.

▲ Ein Ladungsträger Goliath gehört natürlich auch zur Sammlung in Warschau.

Der Zweite Weltkrieg spielte eine entscheidende Rolle in der Geschichte Polens, und das Armeemuseum zeigt eine beeindruckende Sammlung von Fahrzeugen aus dieser Zeit. Dazu gehört der berühmte T-34 oder der Sherman M4 oder auch ein „Stalinpanzer“ genannter Tank der IS-Serie.

► Der „Kubus“ aus der Zeit des Warschauer Aufstandes 1944 ist eines der Higlights der Sammlung.

Polnisches Armeemuseum

Adresse: R13 Dymisska Straße, 01-519 Warschau

Internet: www.muzeumwp.pl

Email: secretariat@muzeumwp.pl

Öffnungszeiten: Mittwoch – Sonntag: 10 – 16 Uhr. Letzter Einlass um 15:20 Uhr. Donnerstag – freier Eintritt. Montag und Dienstag geschlossen.

Telefon: +48 (0) 261-877-014

Behindertengerecht: ja

Restaurant/Café: nein

Preise: Normale Karte 35 PLN, Rabattticket 20 PLN.

Das neue Hauptquartier des Polnischen Armeemuseums befindet sich in der Warschauer Zitadelle. Das Museum ist sowohl vom Tor Coliborz (Straße 13) als auch vom Katystor (J. Jezioraskiego Straße).

▲ Einen Großteil der Fahrzeugsammlung des Polnischen Armeemuseums macht natürlich Gerät aus sowjetischer Produktion aus.

Für mich herausragend ist aber natürlich der Kubus, ein improvisiertes, gepanzertes Fahrzeug aus der Zeit des Warschauer Aufstands 1944, das die Wirren der Jahrzehnte gut überstanden hat.

Das Polnische Armeemuseum verfügt außerdem auch über eine bedeutende Sammlung von Fahrzeugen aus der Ära des Kalten Kriegs und der jüngeren Vergangenheit. Diese Sammlung umfasst Fahrzeuge, die in der Volksrepublik Polen und in anderen Warschauer-Pakt-Staaten entwickelt und eingesetzt wurden, wie etwa den T-55.

Neben Kampfpanzern verfügen die Polen auch über eine ganze Reihe von Schützenpanzern, darunter den hier gezeigten BMP-1.

Die im Polnischen Armeemuseum ausgestellten Fahrzeuge sind dabei nicht nur historische Exponate, sondern sie sollen auch die technologische Innovationen und militärisches Ingenieurwesen darstellen.

International noch wenig bekannt, lohnt sich der Besuch im Polnischen Armeemuseum für jeden, der sich für Militärgeschichte oder Panzer interessiert. Ein kleiner Tipp noch: Es gibt neben dem Armeemuseum noch ein „Museum für Waffen“, in dem neben Gewehren, Maschinengewehren, Pistolen und anderen Relikten auch noch einige Fahrzeuge zu sehen sind.

Russland / Kubinka

Die Heimat der letzten Maus

Panzermuseum Kubinka

© Alan Wilson wiki commons

▲ Tiger II neben dem Sturmtiger. In Kubinka befindet sich eine beeindruckende Sammlung an deutschen Panzern des Zweiten Weltkriegs, inklusive dem einzigen Panzerkampfwagen VIII „Maus".

Auf der persönlichen Bucket-List steht bei mir Kubinka ganz oben. In Vorbereitung für dieses Buch stand eine Reise nach Kubinka in der Nähe von Moskau, worauf ich mich natürlich sehr freute. Aber dann kam der Februar 2022 und der Krieg in der Ukraine.

Damit fiel die Reise flach und auch die Versuche der Kontaktaufnahme mit dem Museum verliefen im Sande. Wobei mich persönlich neben der Maus vor allem die japanischen Panzer interessiert hätten.

Dennoch gehört das Museum in dieses Buch, denn es gehört weltweit zu den größten seiner Art. Und es bleibt zu hoffen, dass es bald wieder zu besuchen ist.

◄ Vor allem Panzer aus dem Zweiten Weltkrieg und davor ziehen die Besucher magisch an.

► Die Legende: In Kubinka darf ein Tiger I natürlich nicht fehlen.

► Groß, größer, Maus. Der „Superpanzer" Maus war ein deutsches Panzerprojekt, das an Irrsinn gleicht. Nun steht der Koloss als einziger seiner Art in Kubinka.

Unter dem Dach des Hauses wurden mehr als 300 gepanzerte Fahrzeuge zusammengetragen. Davon einzigartige Stücke wie eben die „Maus" oder der „Kugelpanzer". Geschichtlich bildet die Sammlung die Geschichte des Panzers vom Ersten über den Zweiten Weltkrieg, den Kalten Krieg bis in die Moderne ab. So hat Kubinka eine der besten Panzersammlungen weltweit, die auch einen Tiger I beherbergt, der allerdings aus Ersatzteilen zusammengebaut worden ist. Eröffnet wurde das Museum am 10. September 1972 (auf Initiative von Marschall Babajanyan) und zeigt neben mehr als 280 Panzern auch zahlreiche Artilleriegeschütze und anderes militärisches Gerät und Prototypen. Im Jahr 2000 kam es zu umfangreichen Restaurierungsmaßnahmen und alle Fahrzeuge erhielten den früheren Originalanstrich, was sich bei manchen Panzern als schwieirg zu recherchieren herausstellte.
Die wichtigsten jährlichen Veranstaltungen sind:

- **Tankbesatzungstag** – die Hauptfeier der gepanzerten Kräfte – GABTU (zweiter Sonntag September)

Kubinka

Adresse: 63 km Autobahn Minsk Odintsovo Bezirk 143070

Telefon: +7 800 707-01-07

Internet: www.parkpatriot.ru

Behindertengerecht: ja

Email: info@parkpatriot.ru

Restaurant/Café: ja

Öffnungszeiten: Sonntag 10 – 18 Uhr, Montag geschlossen, Dienstag – Freitag 10 – 17 Uhr, Samstag 10 – 18 Uhr.

Preise: Erwachsene 1000 Rubel (ab 17 Jahre), Kinder 500 Rubel (7 – 17 Jahre), jedes weitere Kind 250 Rubel.

- **23. Februar – Tag der Roten/ Sowjetarmee**, Tag des Vaterlandes
- **6. Mai: St. George's Day**, Patron der russischen Armee
- **9. Mai Siegtag**
- **12. Juli Kursk und die Schlacht von Prokhorovka 1943**
- **7. November – Parade auf dem Roten Platz** zum Gedenken an die „Schlacht für Moskau" 1941
- **5. Dezember – Gegenoffensive bei Moskau 1941**

Was die Örtlichkeit angeht, so gliedert sich Kubinka unter anderem folgendermaßen (nach eigener Auskunft):
Kubinka Tankmuseum Headquater und die Haupthangars :
- Pavillon N1 – sowjetische schwere Panzer und Sturmgewehre
- Pavillon N2 – Sowjetische Medium Tanks & Assault Guns
- Pavillon N3 – Sowjetische Panzer Sturmgewehre (BMD, BMP) (viele Teile in den Patriot Park verlegt)
- Pavillon N 4 – sowjetische gepanzerte Autos und Träger (BMP, BTR)
- Pavillon N 5 – Britische/amerikanische Fahrzeuge, Tanks & Carrier
- Pavillon N 6 – WWII German Tanks, Assault Guns Carriers (viele Exponate in den Patriot Park oder zur Reparatur oder für den 2. Weltkrieg)
- Pavillon N7 – Französisch, Japan, Italien, Ungarn usw. Tankwagen. Schweden, Südafrika, Polen, Tschechien, Jugoslawien. Die Halle ist geschlossen, Gegenstände verschoben.
- Kapelle und Sowjetische Panzerbesatzung des Zweiten Weltkriegs
- Verwaltungshaus zur Ausstellung
- Restaurierungs- und Museumspersonalhangar (nur in besonderen Tagen für Besucher verfügbar)
- Virtueller Rundgang durch das HQ-Museum 1972 – 2014 vor der Reorganisation

Es gibt noch viel mehr zu sehen, wobei Teile der Ausstellung im sogenannten Patriot Park zu sehen sind. Dabei handelt es sich um einen militärischen Freizeitpark mit allerlei Angeboten rund um das Militär. Man bezeichnet es auch gerne als Militär-Disneyland. Hier ist dann jedem selbst überlassen, was er davon hält. Wer sich für Panzer interessiert, der kann jedenfalls nicht an Kubinka vorbeigehen.

◄ Auch Modelle aus der Zeit nach dem Zweiten Weltkrieg beherbergt Kubinka. Es gehört zu den größten Museen seiner Art auf der Welt.

Russland / Moskau

Die ruhmreiche Vergangenheit

Das Zentralmuseum des Großen Vaterländischen Krieges

© Dr. Ilya Shaydurov

Das Museum des Großen Vaterländischen Krieges in Moskau, auch bekannt als das Museum des Sieges, ist ganz dem Zweiten Weltkrieg gewidmet, wobei der Fokus auf der Zeit ab 1941 liegt, dem Jahr des Angriffs der Wehrmacht auf die Sowjetunion.

Die Idee zur Errichtung dieses Museums entstand unmittelbar nach dem Ende des Zweiten Weltkriegs. Die sowjetische Führung wollte die enormen Opfer der sowjetischen Bevölkerung würdigen und die Erinnerung an den Krieg für zukünftige Generationen bewahren. Dahinter steckte aber natürlich auch ein gewisser propagandistischer Aspekt. Doch es dauerte Jahrzehnte, bis das Projekt umgesetzt werden konnte.

Baubeginn war nach jahrzehntelangen Planungen Jahr 1986, doch durch die Wirren des Zusammenbruchs dauerte es nochmals bis 1995, ehe das Museum eröffnet werden konnte.

Das Museum befindet sich auf dem Poklonnaja-Hügel im Westen Moskaus, einem historischen Ort, der schon während der Napoleonischen Kriege eine symbolische Bedeutung hatte. Vor dem Museum befindet sich die monumentale Siegesallee, die von Statuen und Denkmälern gesäumt ist und die Besucher zum Haupteingang führt.

Die ständige Ausstellung ist thematisch in verschiedene Abschnitte gegliedert und beginnt mit der Vorkriegszeit bis zum Beginn des Krieges, setzt sich mit der Schlacht um Moskau und der Belagerung von Leningrad fort, widmet sich der Schlacht von Stalingrad 1942/43 und dann dem Vormarsch der Roten Armee bis zum Ende des Krieges und der Nachkriegszeit.

◄ In diesem Museum darf der T-34 natürlich nicht fehlen.

▲ Ein ISU-152, eines der schwersten aus dem Zweiten Weltkrieg.

Gemäß dieser Gliederung werden Waffen und Fahrzeuge und andere Relikte des Krieges gezeigt, darunter eben auch zahlreiche Panzer, gepanzerte Fahrzeuge, Artilleriegeschütze und vieles mehr.

Das Museum ist aber auch Bildungs- und Forschungszentrum. Es organisiert regelmäßig Vorträge, Konferenzen und Seminare, die sich mit verschiedenen Aspekten des Zweiten Weltkriegs beschäftigen. Schulklassen und Studenten haben die Möglichkeit, an speziellen Führungen und Workshops teilzunehmen, die die Bedeutung des Krieges für die nationale und internationale Geschichte verdeutlichen.

▲ Auch deutsche Beutewaffen finden sich im Museum des Großen Vaterländischen Krieges, der sich eben der Zeit von 1941 bis 1945 widmet.

Victory Museum / Музее Победы	
Adresse: Park Pobedy Metro Station, 3 Ploschad Pobedy, 121293 Moskau	**Telefon:** +7 (499) 449-81-81
Internet: www.victorymuseum.ru	**Behindertengerecht:** bedingt
Email: info@victorymuseum.ru	**Restaurant/Café:** ja
Öffnungszeiten: (Hauptgebäude): Dienstag - Sonntag 10 - 22 Uhr, letzter Einlass 20:30 Uhr, montags geschlossen.	**Preise:** Hauptgebäude: 350 Rubel, Außengelände 350 Rubel.

▲ Eingegrabene Teile eines Panzers nebst einem deutschen Schützenpanzerwagen (Halbkettenfahrzeug) stellen die Kämpfe zwischen den beiden Nationen dar, ein Konflikt, den die Sowjets am Ende gewannen.

▲ Ein russischer Panzerzug, wie er während der Kämpfe in der Sowjetunion eingesetzt worden ist.

Auch hier, wie in nahezu allen anderen Museen auch, gibt es regelmäßig Sonderausstellungen zu bestimmten Themen.

Auch wenn das Museum natürlich vor allem die sowjetische Sichtweise auf den Zweiten Weltkrieg darstellt, lohnt sich der Besuch allemal. Nicht zuletzt auch wegen der Panzer, die man auf dem Freigelände sehen kann. Typen wie ein T-18 (MS-1), T-26 Modell 1931, T-26 Modell 1933, T-34-85 Modell 1944, T-44, KV-1S, IS-2, IS-3, Matilda II, Sherman M4 A2, Pz.Kpfw. III Ausf. J, Pz.Kpfw. 38 (t) Ausf. F, Panzerjäger 38 Ausf. M „Marder III“ oder auch japanische Panzer wie Type 2 Ka-Mi, Type 4 Ke-Nu oder Type 97 Chi-Ha können besichtigt werden. Denn auch hier findet man Geschichte, die bewahrt werden sollte.

Ein Denkmal für die russische Armee

Zentralmuseum der Streitkräfte der russischen Föderation

Wer an Panzer und Russland denkt, der denkt automatisch an Kubinka. Doch es gibt noch mehr Museen, in denen sich Panzer, Panzerfahrzeuge und andere Ausrüstung finden lässt.

Das Zentralmuseum der russischen Streitkräfte in Moskau, auch bekannt als das Zentralmuseum der Streitkräfte der Russischen Föderation (ZMS), ist eine der bedeutendsten militärhistorischen Einrichtungen in Russland und darüber hinaus.

Es bietet einen umfassenden Einblick in die militärische Geschichte des Landes und stellt eine beeindruckende Sammlung von Exponaten aus, die die Entwicklung und Errungenschaften der russischen und sowjetischen Streitkräfte dokumentieren.

Schon im Jahr 1919 gegründet, sollte das Museum dazu dienen, die Heldentaten der Roten Armee und die Geschichte der sowjetischen Militärmacht zu bewahren und zu präsentieren.

Ursprünglich als Ausstellung in der Nähe des Roten Platzes konzipiert, verlegte man die Sammlung im Jahr 1965 an ihren jetzigen Standort in der Ulitsa Sovetskoy Armii 2, im Norden der russischen Hauptstadt.

Der gesamte Komplex umfasst mehrere Ausstellungshallen, ein Freiluftgelände für größere Exponate wie Flugzeuge, Panzer und Artillerie sowie spezialisierte Bereiche für temporäre Ausstellungen und Veranstaltungen.

© Dr. Ilya Shayhurov

◄ In diesem Museum findet sich nahezu alles, wenn es um die Geschichte der russischen Armee geht.

▲ Der Eingangsbereich des Museums. Er wird flankiert von Waffen aus dem Zweiten Weltkrieg, u. a. einem T-34.

▲ Auf dem weitläufigen Außengelände finden sich viele große Fahrzeuge aus Sowjetzeiten, die natürlich auch zur Geschichte der russischen Streitkräfte gehören.

▲ Um sie lange draußen stehen zu lassen, sind die Fahrzeuge entsprechend präpariert.

Zentralmuseum der Streitkräfte der russischen Föderation in Moskau

Adresse: 129272, Moscow, Soviet Army str., 2, bld. 1	**Telefon:** +7 (495) 681 48 77
Internet: www.cmaf.ru/	**Behindertengerecht:** bedingt
Email: cmvs_dm@mil.ru	**Restaurant/Café:** ja
Öffnungszeiten: Sonntag 11 - 19 Uhr, Montag u. Dienstag geschlossen, Mittwoch - Freitag 10 - 17 Uhr. Samstag 11 - 19 Uhr.	**Preise:** Eintritt: Voll 400 Rubel, ermäßigt 200 Rubel. Tage des freien Museumsbesuchs: 23. Februar, Verteidiger des Vaterlandes; 9. Mai, Tag des Sieges; 18. Mai, Internationaler Museumstag; 12. Juni, Tag Russlands.

Die Sammlung an sich umfasst über 800 000 Exponate, darunter Waffen, Uniformen, Auszeichnungen, Dokumente, Fotografien und Kunstwerke und gliedert sich in verschiedene Bereiche, wie die Ausstellungen „Russland vor der Sowjetzeit“, „Erster Weltkrieg und Russische Revolution“, „Zweiter Weltkrieg“, „Kalter Krieg“ und „die heutige Armee“.

© Dr. Ilya Shaydurov

▲ Eine „improvisierte Waffe“ im Museum. Ein Lastwagen mit einem auf der Ladefläche montierten MG.

Das Zentralmuseum ist aber nicht nur ein Ort für Ausstellungen, sondern auch ein Zentrum für Bildungs- und Forschungsarbeit. Es organisiert regelmäßig Vorträge, Seminare und Konferenzen zu militärhistorischen Themen. Schulklassen und Studenten haben die Möglichkeit, an speziellen Führungen und Workshops teilzunehmen.

Neben den ständigen Ausstellungen veranstaltet das Museum regelmäßig Sonderausstellungen, die sich mit spezifischen Ereignissen oder Aspekten der Militärgeschichte befassen.

Das Museum ist ein beliebtes Ziel für Touristen und Einheimische gleichermaßen – wobei momentan weniger westliche Besucher dort auftauchen.

Wer in Moskau weilt, sollte den Abstecher zum Zentralmuseum der russischen Streitkräfte machen. Hier wird Geschichte erlebbar und anschaulich gezeigt, wenn auch mit einer gewissen propagandistischen Einfärbung.

© Dr. Ilya Shaydurov

▲ Bekannt von den Paraden auf dem Roten Platz in Moskau, nun aber Teil der Ausstellung der russischen Streitkräfte.

NK HALL
SAAL

Teil 3
Exkurs Südafrika

Daheim auf der Südhalbkugel

Südafrikanisches Nationalmuseum für Militärgeschichte

Sehen Sie dieses Kapitel als Zusatz – denn sicherlich werden Sie sich fragen, was ein Museum aus Südafrika in einem Buch über Museen in Europa zu suchen hat. Es soll vielmehr zeigen, dass die Leidenschaft für Panzer, Militär und Militärtechnik natürlich nicht nur auf Europa beschränkt ist, sondern weltweit ihre Anhänger hat. Und da macht auch Südafrika keine Ausnahme.

Das Museum selbst wurde am 29. August 1947 vom damaligen Premierminister Jan Smut offiziell eröffnet, um an die Beteiligung Südafrikas am Zweiten Weltkrieg zu erinnern. Im Jahr 1975 benannte man das Museum um und widmete sich fortan allen Konflikten, an denen Südafrika in irgendeiner Form beteiligt war. Im Jahr 1999 kam das Museum zusammen mit dem Transvaal Museum und dem Natural Cultural History Museum organisatorisch unter ein gemeinsames Dach. Der April 2010 sah dann eine erneute Umbenennung und die Zusammenführung mehrerer Sammlungen unter das gemeinsame Dach „Ditsong", so dass die Einrichtung seither „Ditsong National Museum of Military History" heißt.

Bei meinem Besuch vor Ort entdeckte ich viele Exponate, wobei mich – auch wenn es kein Panzer ist – die Messerschmitt Me-262 in der Version als Nachtjäger am meisten faszinierte. Hier findet man das klassische Museum mit Kästen und Schautafeln. Gerne würde die Leitung das ändern, doch wie so häufig mangelt es am Geld.

Und die Exponate können sich sehen lassen: Ein modifizierter, südafrikanischer „Centurion", ein erbeuteter Sowjetpanzer vom Typ T-54/55a oder ein Sherman Firefly der 6. südafrikanischen Panzerdivision stehen neben vielen anderen, auch modernen Fahrzeugen südafrikanischer Herkunft.

Um zu zeigen, wie sich das Museum aufbaut, hier die grobe Gliederung dessen, was man wo sehen kann:

Der Hof

- Ein Denkmal, zu Ehren gefallener Mitglieder der Luftlandetruppen des 44. Fallschirmregiments, der 44. Fallschirmbrigade und der südafrikanischen Spezialeinheiten errichtet

◄ Auch in Südafrika findet sich ein gut ausgestattetes Militärmuseum …

▲ … das auch eine Reihe von Fahrzeugen aus dem Zweiten Weltkrieg ausstellt.

► Hier ist das Fotografieren eigentlich nicht erlaubt, aber mit einer Ausnahmegenehmigung ging es dann doch für dieses Buch.

- Ein Denkmal für Mitglieder der 61. Mechanised Battalion Group
- Verschiedene Feldgewehre wie die 8,8 cm-Flak 37 Pistole, QF 1-Pfünder Pomm-Pfo, 5 cm Pak 38 usw.

Die GP Capt. „Sailor“ Malan Hall mit

- Messerschmitt Bf 109
- Messerschmitt Me-262
- Focke-Wulf Fw 190

▲ Seltenst: Eine originale Me 262 in der Nachtjagdversion …

Die GE Brink Hall mit

- Hawker Hurrikan
- Royal Aircraft Factory S.E.5
- Supermarine Spitfire
- Messerschmitt Bf 109
- de Havilland Moskito
- Hawker Hartebeest
- Eine Ausstellung der Schlacht um Großbritannien
- Artefakte der Royal Air Force
- Artefakte aus Südafrikas Verwicklung in verschiedene Weltkonflikte, wie der Koreakrieg und die beiden Weltkriege

South African National Museum of Military History	
Adresse: 22 Erlswold Way, Johannesburg, 2132, Südafrika	**Telefon:** +27 11 646 5513
Internet: https://ditsong.org.za/en/our-museums/museum-of-military-history/	**Behindertengerecht:** bedingt
Email: info@ditsong.org.za	**Preise:** Erwachsene R 50, Kinder R 30, Pensionerte R 25.
Öffnungszeiten: Täglich 9 – 16:30Uhr.	

- Eine große Medaillensammlung von verschiedenen Veteranen der Streitkräfte, wie General Jan Smuts und General George Brink
- Ausstellung über den Zweiten Burenkrieg (1899 – 1902)
- Eine Ausstellung, die die Mitglieder des Native Military Corps (1940 – 1950), des Indian Service Corps (1940 – 1942) und des Cape Corps (1940 – 50) ehrt
- Eine Ausstellung, die wichtige Ereignisse in der südafrikanischen Geschichte zwischen den Burenkriegen und den Parlamentswahlen in Südafrika 1994 detailliert beschreibt. Zu den Themen gehören die politischen Spaltungen im Land während des Ersten und Zweiten Weltkriegs, der Rand-Rebellion (1921 – 1922), die Sabotagekampagne der Ossewabrandwag während des Zweiten Weltkriegs und Südafrikas Engagement im Angolanischen Bürgerkrieg.

Gun Park Dan Pienaar

- Verschiedene Waffen aus der ganzen Welt wie der British Ordnance QF 18-Pfünder, die BL 6-Zoll Gun Mk XIX und die deutsche 7,7 cm FK 96 Feldpistole.

Der FB Adler Saal

- Selbstgetriebene Waffe Sexton
- M4 Sherman Panzer und den Tank M3 Stuart
- Eine große Anzahl von Artilleriestücken wie der Ordnance QF 20-Pestier und die BL 5,5 Zoll-Mittelpistole
- Exponate, die die Beteiligung Südafrikas am Zweiten Weltkrieg detailliert beschreiben, einschließlich Artefakten wie Uniformen, Schusswaffen, Helme und Flaggen aus verschiedenen Ländern
- Exponate des Anglo-Zulu-Kriegs
- Ausstellung des südafrikanischen Grenzkriegs
- Eine kleine Ausstellung der südafrikanischen Marine
- Eine große Sammlung von Uniformen, zeremoniellen Schwertern, Infanterieschwertern, Kavallerieschweren, Bajonetten und Dolchen
- Eine Vielzahl von Kleinwaffen aus der ganzen Welt, wie das leichte Maschinenge-

▲ Eine kleine Tankette in einer der Fahrzeughallen des Militärmuseums.

▲ Schweres Gerät wie dieser Pionierpanzer muss draußen stehen.

wehr Bren, die M1 Garand, Mauser-Gewehre, Lee-Enfield-Gewehre, die Maxim-Waffe, die MG 42, die Thompson-Maschinenpistole, das Winchester Model 1876, die AK-47, die Vektor R4 Rifle R1 Rifle und verschiedene andere Musketen, Gewehre.

Outdoor-Ausstellungen

- Eine kleine 32-Bataillon-Hallenausstellung
- Das Kleinst-U-Boot „Molch"
- QF 4 Zoll Mk XVI Marinegewehrturm einer Fregatte der südafrikanischen Marine-Senke der Loch-Klasse
- Flugzeuge wie eine Blackburn Buccaneer S Mk 50, eine Dassault Mirage III und das Trainingsflugzeug Impala Mk II, ein südafrikanischer Lizenzbau der MB-326M
- Südafrikanisch/britische gepanzerte Fahrzeuge wie der Komet-Panzer, der Centurion-Panzer, der Cruiser Tank Mk VI und der Churchill-Panzer
- angolanische/kubanische Fahrzeuge wie der T-34/85, der T-54/55 oder der Amphibienpanzer PT-76
- italienisch/deutsche Fahrzeuge wie der Kleinpanzer Carro Veloce CV-35 und die Sd.Kfz. 251 Halbspur
- Eine große Sammlung schwerer Artillerie mit den G5- und G6-Haubitzen.

Lt Gen AML Masondo Bibliothek

- Eine Bibliothek mit Literatur über Südafrikas Militärgeschichte
- Gepanzerte Fahrzeuge wie Alvis Saracen, Ford Lynx, Ratel-20, Daimler Ferret, M9A1 Half-Track, Universal Carrier, mehrere verschiedene Modelle der Panzerwagen Marmon-Herrington und Eland Mk7 usw.
- Mehr Artefakte des Ersten Weltkriegs und des Zweiten Weltkriegs

Und es gibt in Johannesburg noch mehr zu entdecken. Einen Shop oder ein Café, wie man es aus Europa kennt, das gibt es leider nicht. Dennoch lohnt der Besuch – aber fahren Sie direkt mit einem Taxi dorthin. Das ist allemal sicherer und komfortabler als mit dem öffentlichen Nahverkehr.

Zu beachten ist aber auch: Für bestimmte Bereiche gilt ein Fotoverbot (um Diebe keine Hinweise zu geben) – am besten klärt man das vorab, was man wo darf.

► Auch moderne Fahrzeuge, wie sie in Südafrika zum Einsatz kommen und kamen zeigt das Museum.

Interview mit Anzel Veldman

Position: Stellvertretender Direktor

Alexander Losert: Was macht für Sie die Faszination von Panzerfahrzeugen aus und weshalb zeigen Sie diese in Ihrem Museum?

Anzel Veldman: Das Museum beschäftigt sich mit der Militärgeschichte Südafrikas und damit auch mit den internationalen Konflikten, an denen Südafrika beteiligt war. Panzer in Museen sind die physischen Überreste des Ersten und Zweiten Weltkriegs und dienen daher als kollektive Erinnerung an unsere Vergangenheit. Panzer haben seit dem Ersten Weltkrieg eine wichtige Rolle in der Kriegsführung gespielt und werden auch heute noch eingesetzt. Der anhaltende und kontinuierliche Einsatz dieser Maschinen in der heutigen Zeit unterstreicht die Relevanz und den technologischen Wert von Panzern im Laufe der Zeit.

Alexander Losert: Worin sehen Sie die Aufgabe des Museums?

Anzel Veldman: In Bezug auf gepanzerte Fahrzeuge besteht die Mission des Ditsong National Museum of Military History darin, unser militärisches Erbe zu bewahren, auszustellen und die Öffentlichkeit darüber zu informieren.

Alexander Losert: Was ist das Besondere an diesem Museum?

Anzel Veldman: Wir sind das einzige Museum mit einer derartigen Sammlung militärischer Artefakte, von der C-47 „Dakota" bis zum kleinsten Abzeichen.

Alexander Losert: Was denken Sie, fasziniert Menschen an diesen Maschinen?

Anzel Veldman: Ihre schiere Größe, die Angst und die Schäden, die sie verursachen können, wenn sie im Krieg eingesetzt werden. Sie sind einfach von Natur aus beeindruckende Maschinen.

Alexander Losert: Wie kann man Panzer nutzen, um Menschen die Geschichte näherzubringen?

Anzel Veldman: Krieg fördert den technologischen Fortschritt. Der erste Panzer beendete den Patt im Stellungskrieg des Ersten Weltkriegs. Er bildete somit eine Grundlage für die Panzer, die im Zweiten Weltkrieg eingesetzt wurden. Was die Geschichte selbst betrifft, waren Panzer Teil aller großen Feldzüge der Neuzeit und sie sind daher direkt mit historischen Schlachten und deren Folgen verbunden.

Alexander Losert: Erinnerung? Technikgeschichte? Verstaubte Relikte? Wie würden beschreiben, was die Menschen hier sehen?

Anzel Veldman: Ich kann nicht voraussetzen, zu wissen, wie die Leute die Panzerfahrzeuge im Museum interpretieren. Ich würde vermuten, dass es ein bisschen von beidem ist: Erinnerung und Technikgeschichte. Für jemanden, der sich nicht für Militärgeschichte interessiert, sind es verstaubte Relikte.

ERLEBEN SIE

TECHNIK-GESCHICHTE

www.technik-museum.de

Technik Museen
Sinsheim Speyer